Pierre Causeret
Liliane Sarrazin

LES SAISONS

et les mouvements de la Terre

BELIN • POUR LA SCIENCE
8, rue Férou 75278 Paris cedex 06
www.editions-belin.com www.pourlascience.com

Avant-propos

À la question « *Comment différencier l'été de l'hiver ?* », voici quelques réponses faites par des enfants d'une classe de sixième, dans la région de Dijon :

« *En été, il y a des fruits sur les arbres et des belles feuilles.* » (Sylvia),

« *L'été, il fait chaud, on peut aller à la plage.* » (Damien),

« *En hiver, les jours sont plus courts et les nuits sont plus longues.* » (Marylène),

« *L'été est chaud, sec, vert, jaune, orange.* » (Philippe),

« *En été, le pôle Nord est orienté vers le Soleil.* » (Anne-Valérie),

« *L'hiver, le soleil monte moins haut, la neige tombe.* » (Nicolas),

« *L'été, la Terre est plus rapprochée du Soleil.* » (Bertrand).

Quant aux rares explications avancées par ces enfants, elles sont la plupart du temps fausses. Le mécanisme des saisons est de toute façon très mal connu, même des adultes. C'est pourtant un phénomène que l'on observe tous les jours. Cet ouvrage comprend deux grandes parties. La première débute par la description des phénomènes observés, explique ensuite simplement leur origine et se termine en abordant certains détails un peu plus techniques. Dans la deuxième partie, le lecteur trouvera toute une série d'activités pour mieux comprendre le mécanisme des saisons. Les activités peuvent être réalisées par des enfants ou des adultes, en classe ou en famille, individuellement ou en groupe. Les enseignants pourront y trouver quelques conseils pédagogiques.

Quelques précisions sur le vocabulaire employé. Lorsque l'on parle d'été ou d'hiver sans autre précision, il s'agira des saisons dans l'hémisphère Nord. Pour les heures, il s'agira d'heures solaires vraies locales. Dans le premier chapitre, les schémas du mouvement apparent du Soleil correspondent à la latitude de Dijon (47° nord). Mais ils restent approximativement valables pour toute la France métropolitaine, entre 42° et 51° de latitude nord. Autre précision, sur le vocabulaire : le mot « jour » peut aussi bien représenter la durée de 24 heures que la période pendant laquelle il fait jour. Nous avons choisi d'utiliser le mot « journée » pour désigner l'intervalle de temps séparant le lever du coucher du Soleil. Dernière remarque : on ne peut représenter à une même échelle le Soleil, la Terre et la distance Terre-Soleil. Il faut donc se méfier de conclusions hâtives tirées de figures obligatoirement inexactes.

Ce livre est destiné à tous ceux qui veulent mieux comprendre le phénomène des saisons. Nous espérons qu'il donnera l'envie d'observer les mouvements apparents du Soleil et du ciel étoilé et qu'il aidera à corriger de nombreuses erreurs qui se répètent sur le sujet.

Les auteurs

ISSN : 0224-5159 ISBN : 2-7011-2705-X

Préface

Notre vie est rythmée par la succession des jours et des nuits et par celle des saisons. Ces alternances constituent l'une des premières perceptions que l'enfant a de son environnement. Cependant, leurs causes exactes ne sont pas toujours comprises, même du grand public. L'obstacle principal réside probablement dans la difficulté qu'il y a – et c'est celle qui domina majoritairement dans le débat copernicien du XVIIe siècle – à concevoir une Terre en mouvement.

C'est le grand mérite de cet ouvrage – qui m'apparaît sans équivalent – que de donner une description et une interprétation détaillées, progressives et complètes de ces phénomènes. Nul doute qu'il sera lu et consulté par un large éventail de lecteurs, depuis le simple curieux jusqu'au pédagogue le plus exigeant.

Il convient de souligner que les auteurs sont justement tout à la fois des esprits curieux, des scientifiques avertis et des pédagogues expérimentés. Ils ont tiré d'abord bénéfice de leur pratique personnelle d'enseignants et d'éducateurs, fondée sur l'observation et l'expérimentation, voire même la recherche didactique. Mais aussi de leur large expérience d'animation de stages très diversifiés, qui les ont mis au contact d'enseignants de disciplines variées. C'est par leur qualité d'écoute, au travers de maintes discussions et de retours successifs sur l'expérience de chacun, qu'ils ont affiné et structuré leur exposé.

L'étude des mouvements célestes – plus particulièrement ici des mouvements apparents, diurnes et annuels du Soleil et des étoiles, interprétés en termes de mouvement de rotation propre et de révolution de la Terre autour du Soleil – relève, comme c'est souvent le cas pour les phénomènes astronomiques, de disciplines variées. Elle donne lieu à une approche pluridisciplinaire, encore trop rare dans notre enseignement excessivement cloisonné, qui implique les professeurs de sciences physiques et de sciences de la Terre, mais aussi celui de géographie, sans oublier l'instituteur.

Cette étude donne maintes occasions d'illustrer la démarche scientifique, et cela à divers niveaux : plutôt que de procéder par affirmations reposant sur l'argument d'autorité, il s'agit de faire découvrir quelle description de la Terre et de ses mouvements rend le mieux compte de ce qui est observé. La méthode vaut autant pour la découverte, à l'école primaire, de la variation de la durée de la journée et de la nuit, liée à celle de la longueur des ombres à midi et à la direction du Soleil à son lever, que pour la recherche des facteurs de l'évolution des climats sur Terre au cours des millénaires.

Le ciel s'offre à nous. C'est en le scrutant que ceux qui nous ont précédés ont peu à peu élaboré les connaissances qui sont aujourd'hui les nôtres. Que l'enfant ou l'adolescent qui apprend refasse les mêmes démarches et rencontre les mêmes obstacles est en soi satisfaisant. Comme l'écrivait Clairaut en 1741, dans la préface de ses *Éléments de Géométrie* : « *J'ai pensé que cette Science, comme toutes les autres, devait s'être formée par degrés ; que c'était vraisemblablement quelque besoin qui avait fait faire les premiers pas et que ces premiers pas ne pouvaient pas être hors de la portée des Commençans, puisque c'étaient les Commençans qui les avaient faits.* »

Lucienne Gouguenheim
Professeur à l'université Paris-Sud
Présidente du Comité de Liaison Enseignants et Astronomes (CLEA)

Table des matières

Observation et mécanisme des saisons

Chapitre 1
L'observation du Soleil et des étoiles

Chapitre 2
Les mouvements de la Terre

Chapitre 3
Le mécanisme des saisons

Chapitre 4
Quelques données complémentaires

Partie 2

Comprendre les saisons par l'expérimentation

Chapitre 5
Du modèle géocentrique au modèle héliocentrique

Chapitre 6
Observer et comprendre les mouvements apparents

Chapitre 7
Expliquer les variations de température

Chapitre 8
Mesurer le diamètre apparent du Soleil

Partie I

Observation et mécanisme des saisons

1 L'observation du Soleil et des étoiles

Quand on parle des saisons, on pense d'abord variations de la température et évolution de la végétation. Mais c'est en observant le Soleil la journée et les étoiles la nuit que l'on peut découvrir les phénomènes qui caractérisent les saisons.

L'observation du Soleil

Le mouvement apparent du Soleil à nos latitudes

Cela fait au moins 5000 ans que les hommes étudient la course apparente du Soleil dans le ciel. C'est ainsi que les pierres dressées de Stonehenge en Angleterre (à partir de 2800 avant notre ère) servaient à repérer les saisons en fonction de la position du lever ou du coucher du Soleil. Si, par exemple, on se place au centre du site le jour du solstice* d'été, le Soleil se lève juste entre deux pierres repères. D'autres alignements avec le Soleil et la Lune ont été trouvés dans le monde. De même, des couloirs de tumulus comme celui de New Grange en Irlande (3300 avant notre ère) ont été construits pour que le Soleil en éclaire le fond au solstice d'hiver. Signalons encore la grande pyramide de Kheops (2600 avant notre ère), en Égypte, qui a pu être orientée très précisément suivant les points cardinaux avec moins d'un quinzième de degré d'erreur. Pour arriver à

1 Le site mégalithique de Stonehenge en Angleterre. Il a été érigé à partir de 2800 avant notre ère et devait servir, entre autres, de calendrier géant.

ces alignements, il a fallu observer les mouvements apparents du Soleil sur un laps de temps assez long, de manière à se situer précisément dans le temps et dans l'espace.

De nombreuses observations sont nécessaires pour se représenter le trajet apparent du Soleil au cours d'une journée et les modifications de cette trajectoire au fil des saisons. Il suffit pour cela de lever les yeux le plus souvent possible vers le ciel. Les figures ci-dessous montrent ce mouvement apparent à nos latitudes (en France métropolitaine).

Le Soleil ne se lève pas à l'est

Le Soleil ne se lève pas à l'est*, ou du moins très rarement. Si on observe le lever de Soleil* tout au long de l'année, on s'aperçoit qu'il a lieu entre l'est et le sud en automne* et en hiver*, et, entre l'est et le nord au printemps* et en été*. Ce n'est que deux fois par an, aux alentours du 20 mars et du 23 septembre qu'on le voit se lever exactement à l'est. De la même manière, le Soleil ne se couche à l'ouest que deux fois par an.

Les points cardinaux peuvent se définir simplement avec ce mouvement apparent : quand le Soleil est au plus haut dans le ciel, il est exactement au sud. L'ombre d'un bâton vertical indique alors le nord (fig. 8, p. 12). Les levers et couchers de Soleil* sont symétriques par rapport à l'axe nord-sud. La direction est-ouest est perpendiculaire à l'axe nord-sud.

Complément

• **Expérience : repérage des points cardinaux avec un bâton vertical : annexe 3, p. 101.**

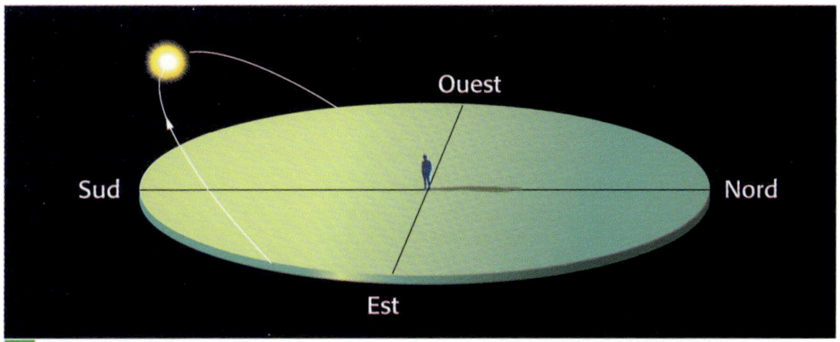

2 Le mouvement apparent du Soleil un jour d'automne ou d'hiver.

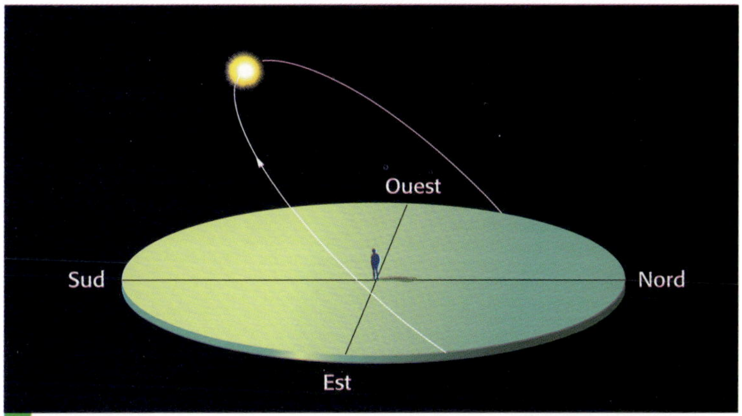

3 Le mouvement apparent un jour de printemps ou d'été. Le Soleil reste plus longtemps au-dessus de l'horizon qu'en automne ou en hiver. Les journées sont plus longues.

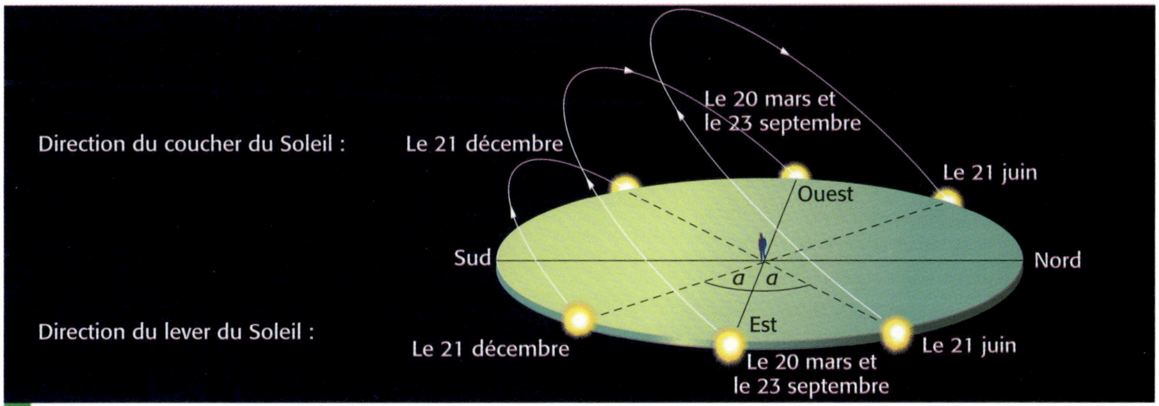

4 Positions du lever et du coucher de Soleil selon l'époque de l'année. À la latitude* de Dijon (47° nord), l'angle *a* mesure environ 36°.

5 **Levers de Soleil** sur la Saône aux alentours du solstice* d'hiver **(a)**, de l'équinoxe* de printemps **(b)** et du solstice d'été **(c)** (Saint-Jean-de-Losne, Côte-d'Or).

6 **Couchers de Soleil** au-dessus de la gare d'eau de Saint-Usage (Côte-d'Or) aux mêmes dates.

7 Un appareil de visée. La hauteur du Soleil peut se mesurer avec un appareil de visée de ce type. Après avoir réglé l'horizontalité, on vise le Soleil de manière à ce que l'ombre du crochet placé à l'extrémité haute de la baguette se projette sur le petit écran placé à l'autre extrémité.

La hauteur du Soleil au-dessus de l'horizon

La hauteur* du Soleil au-dessus de l'horizon* peut se déterminer avec un appareil de visée ou simplement en observant l'ombre d'un bâton vertical. Plus le Soleil est haut, plus l'ombre sera courte.
Au cours d'une journée, le Soleil est au plus haut dans le ciel à midi (en heure solaire vraie), quand il passe plein sud. Il n'est pas pour autant au zénith* (le zénith est le point de la sphère* céleste situé à la verticale*, au-dessus de l'observateur). Ce qu'on appelle hauteur du Soleil est en réalité un angle. À midi, c'est l'angle h formé par la direction horizontale sud et la direction du Soleil. La hauteur du Soleil à midi varie selon l'époque de l'année (fig. 8).

Complément

- **Calcul de la hauteur du Soleil à midi à toute latitude* et à toute date : annexe 6, p. 105.**

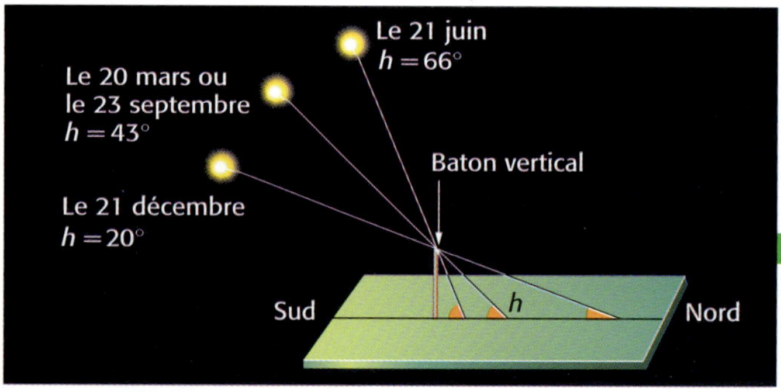

8 Variation de la hauteur (*h*) du Soleil au-dessus de l'horizon à midi heure solaire, au cours de l'année. La hauteur est mesurée par l'ombre d'un bâton vertical. Les valeurs indiquées sont celles de la latitude 47° N.

9 Le Soleil, photographié aux alentours du solstice d'hiver (a), de l'équinoxe de printemps (b) et du solstice d'été (c) à Esbarres, en Côte-d'Or.

Solstices et équinoxes

Aux équinoxes*, le Soleil se lève exactement à l'est pour se coucher à l'ouest. La journée* et la nuit durent chacune 12 heures. Le mot équinoxe provient d'ailleurs du latin *equi* (égal) et *nox* (nuit). Les équinoxes ont lieu en moyenne le 20 mars pour le printemps et le 23 septembre pour l'automne.

Au printemps (entre l'équinoxe de printemps et le solstice* d'été), le Soleil monte chaque jour un peu plus haut dans le ciel ; il se lève et se couche de plus en plus au nord. Les journées rallongent. Cela jusqu'au solstice d'été : la journée y est la plus longue et le Soleil de midi* est à sa position la plus haute de l'année. Solstice signifie « station du Soleil » (du latin *sol* (Soleil) et *stare* (s'arrêter)), ce qui peut se comprendre de deux manières : le Soleil s'arrête de monter de plus en plus haut à midi ou encore il arrête de se lever de plus en plus au nord. Le solstice d'été a lieu en moyenne le 21 juin et le solstice d'hiver le 21 décembre.

En été (entre le solstice d'été et l'équinoxe d'automne), les journées raccourcissent, tout en restant plus longues que les nuits. En automne (de l'équinoxe d'automne au solstice d'hiver), les journées continuent à diminuer, en étant cette fois plus courtes que les nuits. Au solstice d'hiver, la journée est la plus courte de l'année. Le Soleil se lève et se couche le plus au sud. À midi, il est au plus bas. En hiver, les journées rallongent tout en restant plus courtes que les nuits.

Lorsqu'on cherche à comprendre les saisons, il est intéressant de se rappeler que l'été de l'hémisphère Sud a lieu pendant l'hiver de l'hémisphère Nord. On peut voir par exemple à la télévision un match de tennis en direct d'Australie par grande chaleur au mois de janvier, alors qu'il gèle chez nous.

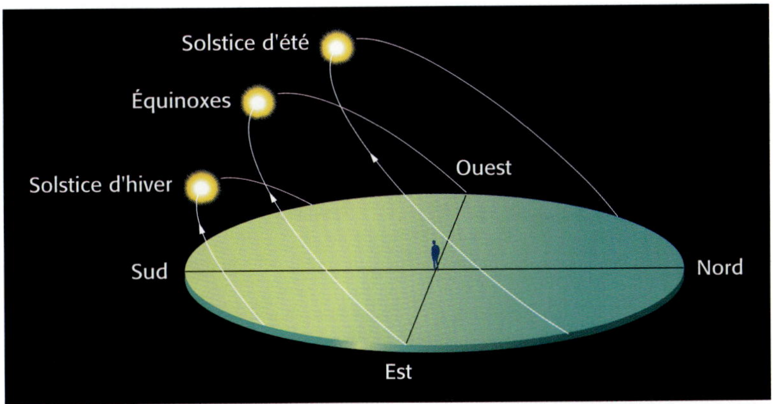

10 **Le mouvement apparent du Soleil aux solstices et aux équinoxes.**

<table>
<tr><th>Date/Saison</th><th>Direction du lever du Soleil</th><th>Direction du coucher du Soleil</th><th colspan="2">Durée de la journée</th><th>Le Soleil à midi</th></tr>
<tr><td>Équinoxe de printemps (20 mars)</td><td>Est</td><td>Ouest</td><td>Journée de 12 heures</td><td rowspan="2">Les journées rallongent</td><td rowspan="2">De plus en plus haut</td></tr>
<tr><td>Printemps</td><td rowspan="3">Entre le Nord-Est et l'Est</td><td rowspan="3">Entre le Nord-Ouest et l'Ouest</td><td rowspan="3">Journées supérieures à 12 heures</td></tr>
<tr><td>Solstice d'été (21 juin)</td><td>Journée la plus longue</td><td>Au plus haut</td></tr>
<tr><td>Été</td><td rowspan="3">Les journées raccourcissent</td><td rowspan="3">De moins en moins haut</td></tr>
<tr><td>Équinoxe d'automne (23 septembre)</td><td>Est</td><td>Ouest</td><td>Journée de 12 heures</td></tr>
<tr><td>Automne</td><td rowspan="3">Entre le Sud-Est et l'Est</td><td rowspan="3">Entre le Sud-Ouest et l'Ouest</td><td rowspan="3">Journées inférieures à 12 heures</td></tr>
<tr><td>Solstice d'hiver (21 décembre)</td><td>Journée la plus courte</td><td>Au plus bas</td></tr>
<tr><td>Hiver</td><td>Les journées rallongent</td><td>De plus en plus haut</td></tr>
</table>

11 **Variations du mouvement apparent du Soleil à nos latitudes.**

L'observation des étoiles

La rotation apparente du ciel

La nuit, l'observation des étoiles peut servir également à repérer les saisons. La Grande Ourse est la constellation la plus facile à reconnaître. On l'appelle aussi la Casserole ou le Grand Chariot. Elle permet de trouver l'étoile Polaire (fig. 12). Une constellation* est un regroupement arbitraire d'étoiles bien pratique pour se repérer mais qui n'a aucune réalité physique. Les étoiles d'une même constellation sont situées à des distances très variables. Par exemple, dans la constellation de la Grande Ourse, l'étoile Dubhe est presque deux fois plus éloignée de nous que l'étoile Merak.

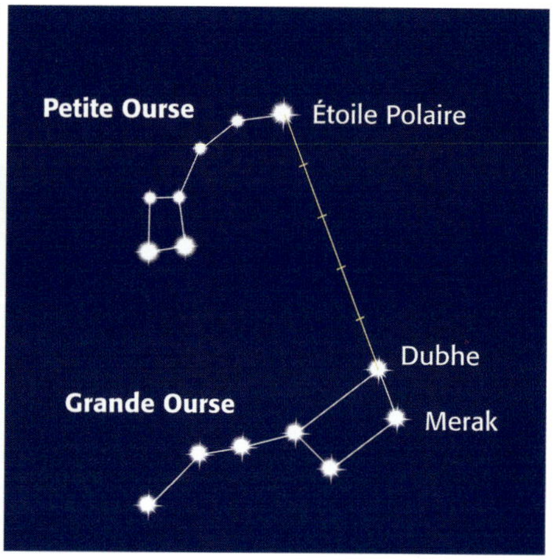

12 La constellation de la Grande Ourse. Les deux étoiles de droite de la casserole s'appellent Dubhe et Merak. En prolongeant le segment Merak-Dubhe en reportant 5 fois leur écartement, on parvient à l'étoile Polaire, première étoile de la Petite Ourse.

13 La Grande Ourse photographiée à une heure d'intervalle. On remarque qu'elle s'est déplacée, alors que l'étoile Polaire* n'a pas bougé.

Observez la Grande Ourse un soir et repérez sa position. Regardez une ou deux heures plus tard, elle semblera s'être déplacée (fig. 13). On peut aussi réaliser une pose photo de quelques minutes ou quelques heures. Il suffit d'utiliser un appareil avec pose, muni d'un déclencheur souple à blocage. L'appareil est évidemment fixé sur un pied. Vous obtiendrez des photos montrant la rotation apparente du ciel (fig. 14 et 15). Au cours de la pose de la photo 14, l'appareil photographique est resté ouvert pendant plus d'une heure ; pendant ce temps, chaque étoile s'est apparemment déplacée et a laissé une traînée brillante. Le brouillard s'est installé entre-temps, les étoiles sont devenues de moins en moins visibles et les traînées paraissent de plus en fines. Cela permet d'observer dans quel sens semble tourner le ciel autour du pôle* Nord céleste : c'est le sens inverse des aiguilles d'une montre (le sens direct des mathématiciens).
Au cours du mouvement apparent* du ciel, toutes les étoiles semblent tourner autour de l'étoile Polaire*. Celles qui en sont les plus proches ne se coucheront jamais. On les appelle « circumpolaires ». La Grande Ourse, par exemple, est une constellation circumpolaire* qui est toujours visible la nuit s'il n'y a pas de nuages évidemment. En revanche, une constellation comme Orion se lève et se couche, et n'est donc pas toujours visible. Sa position dépend de la date et de l'heure de l'observation (fig. 16).

14 **Le ciel après une pose photographique d'une durée de 1 h 30, une nuit de brouillard** (film 400 ISO).

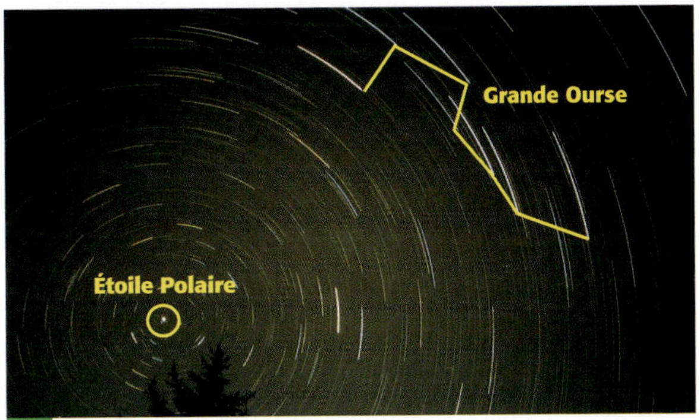

15 **Le ciel après une pose photographique d'une durée d'une heure, cette fois sans brouillard.** On a repéré l'emplacement des étoiles au début de la pose. On reconnaît la Grande Ourse et l'Étoile polaire qui est presque au centre du mouvement apparent.

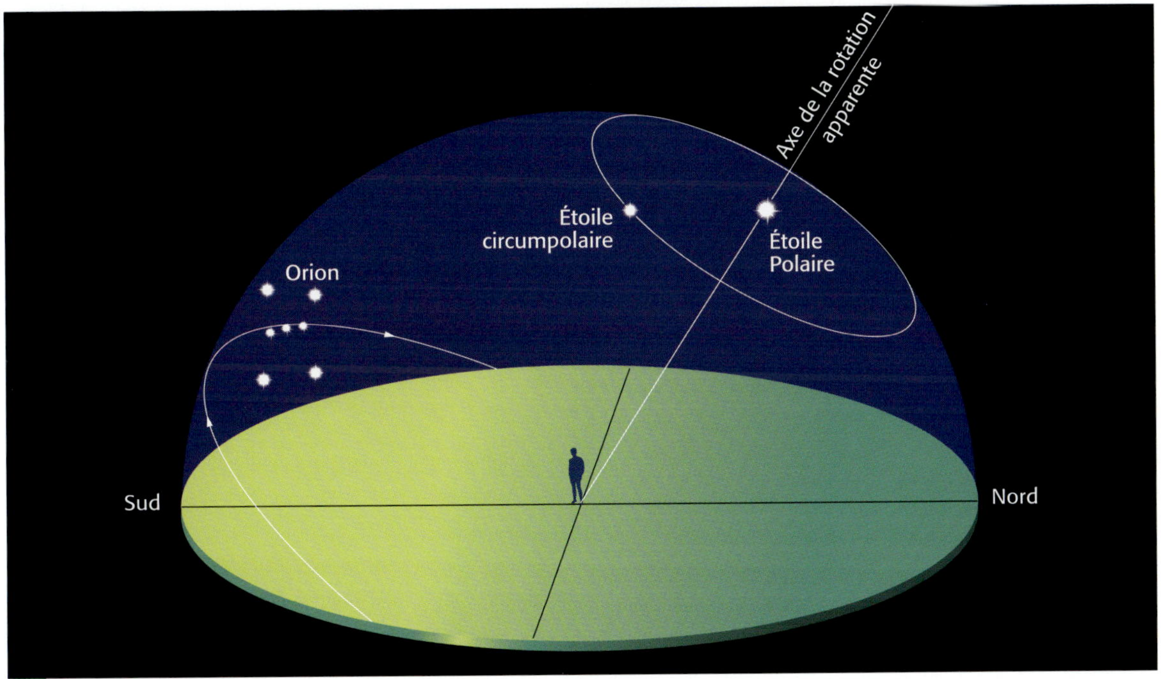

16 **Le mouvement apparent du ciel au cours d'une nuit.**

Ciel d'hiver, ciel d'été

Si vous arrivez à reconnaître les principales constellations, vous vous apercevrez rapidement que l'on ne voit pas les mêmes étoiles en été et en hiver. En été, on se repère souvent grâce à Véga dans la constellation de la Lyre, Deneb dans le Cygne et Altaïr dans l'Aigle, trois étoiles qui forment un grand triangle bien reconnaissable (fig. 17). En hiver, c'est Orion la constellation la plus facile à trouver. Elle est d'ailleurs visible dès la fin de l'été le matin, puis se lève de plus en plus tôt pour devenir observable le soir en hiver (fig. 18). Seule l'étoile Polaire reste visible toujours à la même place en direction du nord, à toute heure et à toute époque de l'année.

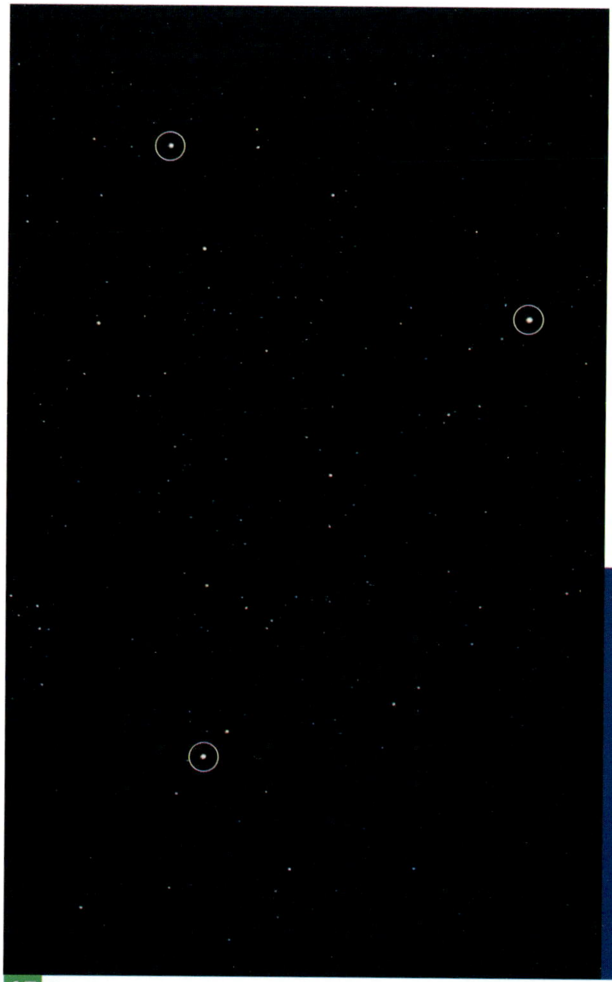

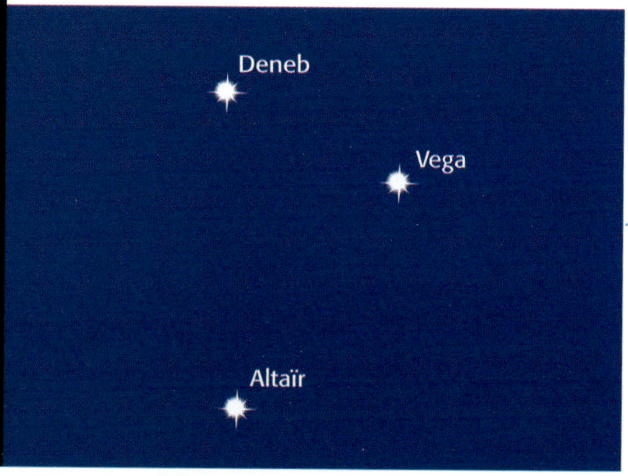

17 **Deneb, Véga et Altaïr** sont trois étoiles brillantes qui forment ce qu'on appelle parfois le triangle d'été.

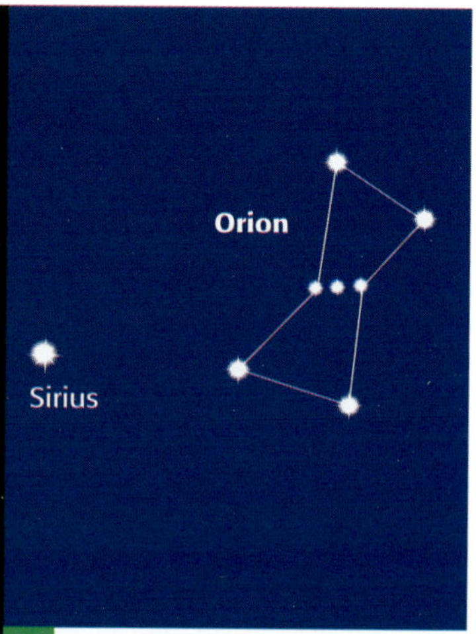

18 **Orion, la plus belle des constellations d'hiver.** En bas à gauche, Sirius, l'étoile la plus brillante du ciel.

2 Les mouvements de la Terre

Les observations précédentes sur le Soleil et les étoiles s'expliquent simplement en considérant que la Terre tourne sur elle-même et autour du Soleil. Mais ces deux mouvements n'ont pas été admis si facilement au cours de l'histoire…

Pour ou contre la rotation de la Terre ?

Les arguments

Lorsqu'on observe le Soleil se lever et se coucher ou les étoiles se déplacer au cours de la nuit, on peut se demander si c'est le ciel qui tourne autour de nous ou la Terre qui tourne sur elle-même. Ces deux représentations sont rigoureusement équivalentes du point de vue du mouvement observé. Alors, quelle est la bonne ? La plupart des savants grecs penchaient pour la première. Le sol nous paraît si stable qu'il semble difficile d'imaginer qu'à la vitesse d'un tour en 24 heures, il se déplace à plus de 1 000 kilomètres par heure à nos latitudes. Si la Terre tournait, on devrait bien s'en apercevoir…

C'est le savant italien Galilée (1564-1642) qui montrera que ce genre d'argument n'a aucune valeur. Il donne l'exemple d'une boule de plomb qu'on lâche du haut du mât d'un bateau avançant à vitesse régulière. L'objet tombera au pied du mât et non, comme beaucoup l'ont cru, en arrière à cause de la vitesse du bateau ; cela parce qu'il a, dès le départ, la même vitesse initiale que le bateau.

Pour donner une illustration plus moderne de ce même principe, on peut s'imaginer dans un TGV roulant à 250 km/h. Si vous sautez en l'air de quelques centimètres, vous retomberez à l'endroit d'où vous êtes parti et non plusieurs mètres en arrière, malgré la vitesse du train (à condition que celui-ci se déplace en ligne droite à vitesse constante).

Il semble donc possible que la Terre tourne sans que l'on s'en rende compte. Mais qu'est-ce qui prouve que c'est bien elle qui tourne ? Le seul argument de Galilée est la simplicité : « *[…] qui voudrait croire que la nature (tous s'accordent à penser qu'elle ne met pas en œuvre beaucoup de moyens quand elle peut se contenter de peu) ait choisi de mouvoir à une vitesse inconcevable un nombre immense de très grands corps, pour produire un résultat auquel suffirait le mouvement modéré d'un seul corps tournant autour de son propre centre ?* » (extrait du *Dialogue sur les deux grands systèmes du monde*).

19 Ces dessins (faux) illustrent un des arguments des Grecs contre la rotation de la Terre. On lance un caillou à la verticale. Si la Terre tourne, disent-ils, le caillou ne retombera pas au pied de la personne qui l'a lancé.

20 L'expérience du pendule de Foucault au Panthéon en 1851.

Aujourd'hui, connaissant les distances des étoiles à la Terre, nous pouvons calculer que, pour tourner autour de la Terre en 24 heures, l'étoile la plus proche, Proxima du Centaure, devrait se déplacer dix mille fois plus vite que la lumière ! De plus, il faudrait que toutes les étoiles tournent à la même vitesse angulaire, d'un tour en 24 heures environ (23 h 56 min 4 s plus précisément, voir p. 55). Il est plus simple de faire tourner la Terre sur elle-même.

Ni Copernic ni Galilée n'avaient de réelles preuves pour affirmer que la Terre tournait sur elle-même. Ils avaient néanmoins un certain nombre d'indices et avaient montré que c'était possible. À partir du XVIIe siècle, de nombreux arguments vont s'accumuler peu à peu : si on observe Jupiter dans un télescope, on voit tourner la planète géante sur elle-même en une dizaine d'heures. Alors pourquoi pas la Terre ? La forme même de la Terre, aplatie aux pôles sous l'effet de la « force centrifuge », est une nouvelle preuve de sa rotation. La diminution de la pesanteur à l'équateur, la déviation de la chute des corps vers l'est, le sens de rotation des cyclones sont d'autres preuves possibles. Pour le public, le premier argument montrant de façon tangible que la Terre tourne sur elle-même fut l'expérience du pendule de Foucault : en 1851, le physicien français Léon Foucault installa au Panthéon, à Paris, un pendule de 67 mètres, lesté par une boule de 28 kilogrammes, qui oscilla pendant plusieurs heures (fig. 20). Mais le plan des oscillations n'était pas fixe, comme on aurait pu le croire ; il se déplaçait dans le sens des aiguilles d'une montre, à cause de la rotation de la Terre.

Compléments

- **Les arguments en faveur de la rotation de la Terre : voir p. 59.**
- **Le modèle géocentrique* grec : voir p. 65.**

Le sens de rotation de la Terre

C'est donc parce que la Terre tourne sur elle-même en 24 heures environ que l'on voit le Soleil se lever et se coucher. Mais dans quel sens tourne-t-elle ? Le dessin de la figure 21 montre que lorsque l'on voit le Soleil se déplacer d'est en ouest, c'est en réalité la Terre qui tourne d'ouest en est.

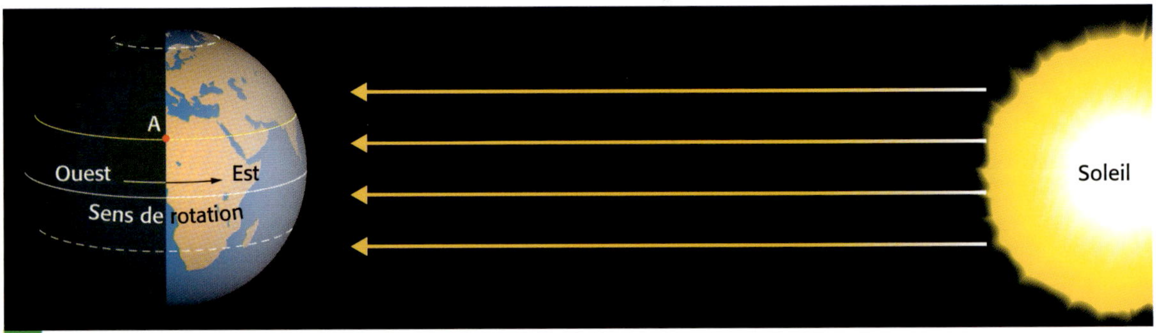

21 Le sens de rotation de la Terre. Un personnage qui est en A voit le Soleil à l'est, donc à son lever. C'est le matin, la nuit vient de se terminer. La Terre doit donc tourner d'ouest en est ; ainsi notre personnage passe de la nuit au jour et observe le lever de Soleil.

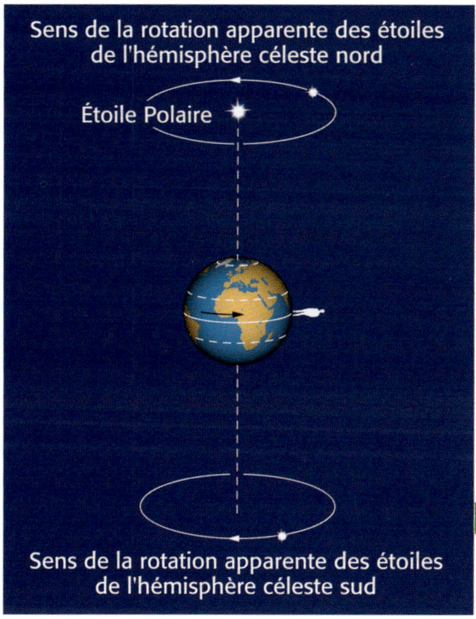

La rotation de la Terre est aussi la cause du mouvement apparent des étoiles autour de l'étoile Polaire (fig. 22). Et si cette dernière paraît fixe, c'est simplement parce qu'elle est située dans le prolongement de l'axe de la Terre, au-dessus du pôle* Nord, d'où son nom : Polaire (pour être précis, l'étoile Polaire n'est pas située exactement au pôle Nord céleste, mais à un peu moins d'un degré de celui-ci). Seuls les habitants de l'hémisphère Nord peuvent voir l'étoile Polaire. On l'observe à la verticale* depuis le pôle Nord et à l'horizontale depuis l'équateur. En France, sa hauteur* au-dessus de l'horizon* est d'environ 45°. Il n'y a pas d'étoile brillante au pôle Sud céleste comme il y a l'étoile Polaire au nord.

22 **Le mouvement apparent des étoiles.** La Terre tournant d'ouest en est, l'observateur voit tourner les étoiles de l'hémisphère céleste Nord dans le sens inverse des aiguilles d'une montre. En revanche, les étoiles de l'hémisphère céleste Sud paraissent tourner dans le sens des aiguilles d'une montre.

Pour ou contre la révolution de la Terre autour du Soleil ?

Les mouvements apparents du Soleil au cours de la journée et des étoiles la nuit s'expliquent donc simplement par la rotation de la Terre sur elle-même. Mais pourquoi le Soleil monte-t-il plus haut en juin ? Pourquoi se lève-t-il parfois au sud-est, parfois au nord-est ? Et pourquoi les nuits sont-elles plus longues en décembre ? Pourquoi n'observe-t-on pas les mêmes étoiles en hiver et en été ?

Les arguments

Tous ces phénomènes s'expliquent simplement en faisant se déplacer la Terre autour du Soleil, comme on le verra en détail dans le chapitre suivant. Mais quand, au XVIe siècle, l'astronome polonais Nicolas Copernic proposa son modèle dit héliocentrique (après Aristarque qui avait déjà émis cette idée au IIIe siècle avant notre ère), plusieurs contre-arguments furent avancés. Nous en avons déjà cité quelques-uns contre la rotation de la Terre. En voici d'autres contre le mouvement de la Terre autour du Soleil.

• Si la Terre se déplaçait autour du Soleil, elle perdrait la Lune qui ne pourrait pas tourner autour d'un centre mobile. Cet argument sera démonté par Galilée lorsqu'il découvrira les satellites de Jupiter (fig. 23). En effet, on est convaincu à l'époque que Jupiter n'est pas fixe et pourtant, ses quatre satellites tournent autour de leur planète sans se perdre dans l'espace. Galilée montrait en même temps que la Terre n'était pas le centre de tous les mouvements.

• Les constellations devraient légèrement changer d'aspect au cours de l'année si on les observe depuis une Terre mobile dans l'espace (en supposant les étoiles fixes), de la même manière qu'un paysage apparaît différemment suivant le point où est situé l'observateur (fig. 24). Or, aucune modification de ce type n'avait été décelée au XVIIe siècle. Sûrement, affirmaient Copernic et Galilée, parce que les étoiles

23 **Jupiter et ses quatre principaux satellites découverts par Galilée en 1610.** Cette planète peut se déplacer sans perdre ses satellites. Il est donc aussi possible que la Terre se déplace sans perdre la Lune.

24 La place de la libération, à Dijon, photographiée depuis deux points différents. Le sapin au premier plan et la Lune en arrière-plan semblent s'être déplacés par rapport aux maisons. Un changement de point de vue modifie la perspective du paysage. De la même manière, si la Terre tourne autour du Soleil, les constellations devraient se déformer au cours de l'année.

sont tellement éloignées qu'un petit mouvement de la Terre n'a pas d'effet suffisant.

En effet, les distances des étoiles à la Terre sont énormes et ces modifications d'aspect se traduisent par des variations d'angles (des parallaxes*) extrêmement faibles et difficiles à mesurer : moins d'une seconde d'arc (1/3600e de degré) pour les étoiles les plus proches.

Il faudra attendre 1838 pour que l'on observe la première parallaxe d'étoile. Notons que l'idée du mouvement de la Terre autour du Soleil s'est imposé avant même la première mesure de parallaxe. Mais d'autres arguments allaient dans le même sens :

– dès le début du XVIIe siècle, l'astronome allemand Johannes Kepler avait montré que la trajectoire de Mars autour du Soleil était une ellipse. Il précisa les lois régissant les mouvements des planètes. Ces lois, qui portent son nom, ne sont compréhensibles qu'en considérant le Soleil fixe au « centre » du système solaire ;

– à la fin du XVIIe siècle, le savant anglais Isaac Newton justifia, avec sa théorie de la gravitation universelle, la place centrale du Soleil de par sa masse (plus de 99,8 % de la masse totale du système solaire) ;

– au début du XVIIIe, enfin, l'astronome britannique James Bradley observa que la direction d'observation des étoiles se modifie au cours de l'année et l'expliqua par la vitesse de la Terre sur son orbite. Ce phénomène est appelé aberration de la lumière.

Compléments

- **Les lois de Kepler régissant les mouvements des planètes : voir p. 46.**
- **Les problèmes de la parallaxe et de l'aberration de la lumière : voir pp. 62-64.**

Les mouvements simplifiés de la Terre

La Terre est donc animée de deux mouvements : elle tourne sur elle-même en un jour et elle tourne autour du Soleil en un an, parcourant une orbite circulaire à vitesse constante. Ce modèle simplifié est tout à fait suffisant pour l'instant. Nous verrons dans le chapitre 4 les précisions à apporter. Le plan dans lequel se déplace la Terre s'appelle plan de l'écliptique*.

L'observation montre que l'axe de rotation* de la Terre vise toujours l'étoile Polaire, située comme toutes les étoiles à une très grande distance. Il faut donc que cet axe garde une direction fixe dans l'espace. Et pour expliquer les variations de hauteur* du Soleil ou de durée de la journée*, il ne doit pas être perpendiculaire au plan de l'écliptique comme nous le verrons dans le prochain chapitre. On appelle obliquité de l'écliptique, l'angle que fait l'axe de la Terre avec la perpendiculaire au plan de l'écliptique. C'est également l'angle que fait le plan de l'équateur avec le plan de l'écliptique (fig. 25). Sa valeur est de 23° 26' ou, en écriture décimale, 23,4° (26/60 ≈ 0,4).

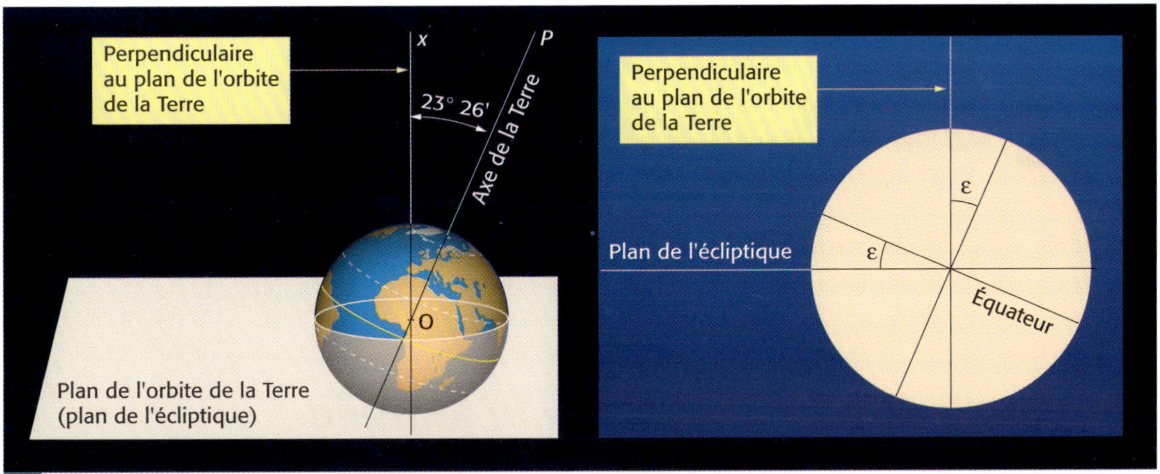

25 **L'obliquité de l'écliptique***. C'est l'angle que fait l'axe de la Terre avec la perpendiculaire au plan de l'écliptique. On l'a notée ici ε. C'est également l'angle que fait le plan de l'équateur* avec le plan de l'écliptique (les deux angles ayant des côtés deux à deux perpendiculaires ont la même mesure).

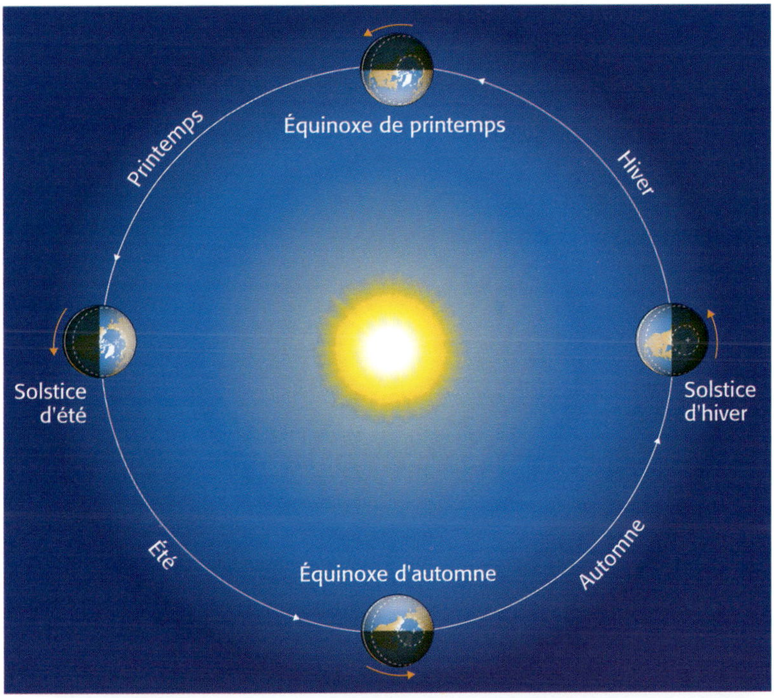

26 **Le mouvement de la Terre au cours de l'année** : vue « de haut » ou du nord, autrement dit ce que l'on verrait en étant « au-dessus » du plan de l'écliptique. Les notions de haut et de bas n'ont pas de sens dans l'espace. On parle ici de haut et de bas en considérant le plan de l'écliptique « horizontal », et le pôle Nord au-dessus. L'équateur, le parallèle* 47° nord et le pôle Nord (croix) sont matérialisés. Les saisons sont indiquées pour l'hémisphère Nord. Les échelles ne sont absolument pas respectées : si la distance Terre-Soleil est représentée par 4 cm, le diamètre du Soleil devrait mesurer un peu moins d'un demi-millimètre et celui de la Terre devrait être inférieur au centième de millimètre !

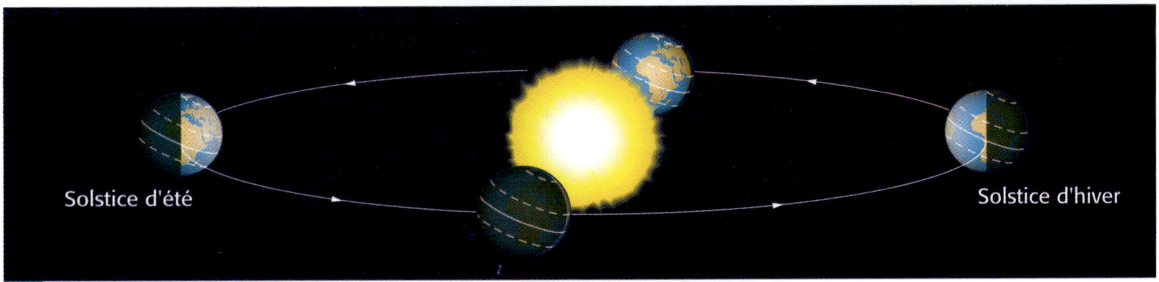

27 **Le mouvement de la Terre au cours de l'année** : vue presque « de face », autrement dit ce que l'on verrait en étant à peu près dans le plan de l'écliptique. Le nord est au-dessus.

3 Le mécanisme des saisons

Le modèle simplifié des mouvements de la Terre autour du Soleil décrit dans le chapitre 2 va permettre maintenant d'interpréter correctement les observations du chapitre 1.

Variations de la longueur de la journée

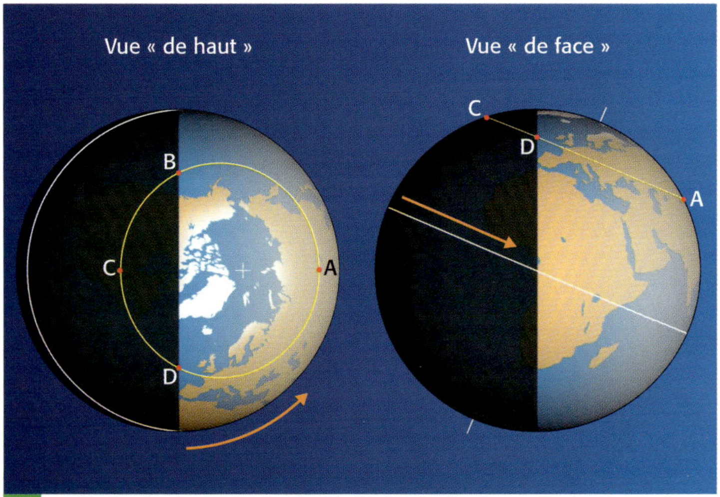

28 Solstice d'été dans l'hémisphère Nord. A : midi ; B : coucher du Soleil ; C : minuit ; D : lever du Soleil. La nuit (B-C-D) est plus courte que la journée (D-A-B). Le pôle Nord (représenté par la croix) est éclairé en permanence.

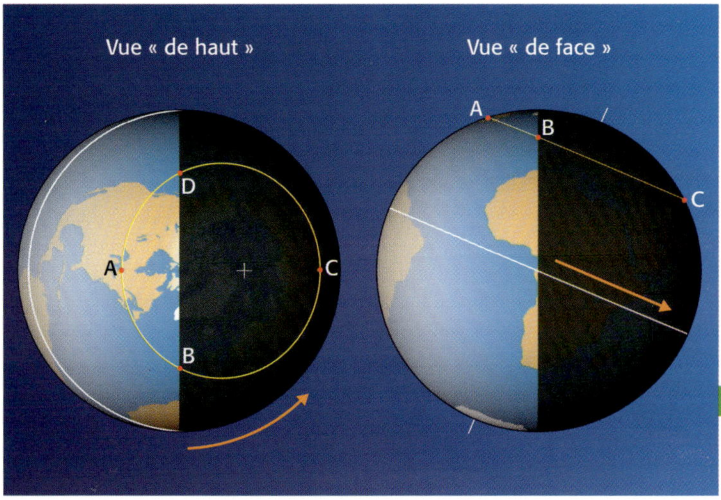

29 Solstice d'hiver dans l'hémisphère Nord. A : midi ; B : coucher du Soleil ; C : minuit ; D : lever du Soleil. La nuit (B-C-D) est plus longue que la journée. Le pôle Nord est dans la nuit.

Variations au cours de l'année

Les schémas ci-contre montrent la Terre à différentes époques de l'année en vue « de haut » (du nord de l'écliptique) et vue « de face », tirées des figures 26 et 27 du chapitre 2. En 24 heures, un personnage situé à la latitude* de 47° nord passera successivement par les positions A (midi* au Soleil), B (coucher* de Soleil), C (minuit*) et D (lever de Soleil). En fonction de la date, on voit que la journée* (D-A-B) et la nuit (B-C-D) n'ont pas toujours la même durée : dans l'hémisphère Nord, au solstice d'été, la journée est plus longue que la nuit, la situation est inversée au solstice d'hiver ; aux équinoxes de printemps ou d'automne (fig. 30), la journée et la nuit ont la même durée sur toute la Terre. C'est l'inclinaison de l'axe de la Terre sur le plan de son orbite (plan de l'écliptique) qui est responsable de ces variations.
Selon les mois, les journées ne rallongent ou ne raccourcissent pas toujours à la même vitesse, ce que l'on peut vérifier sur le schéma 31 et le tableau de la page suivante.

30 **Équinoxe de printemps (à gauche) et d'automne (à droite).** A : midi ; B : coucher du Soleil ; C : minuit ; D : lever du Soleil. La journée et la nuit ont la même durée sur toute la Terre.

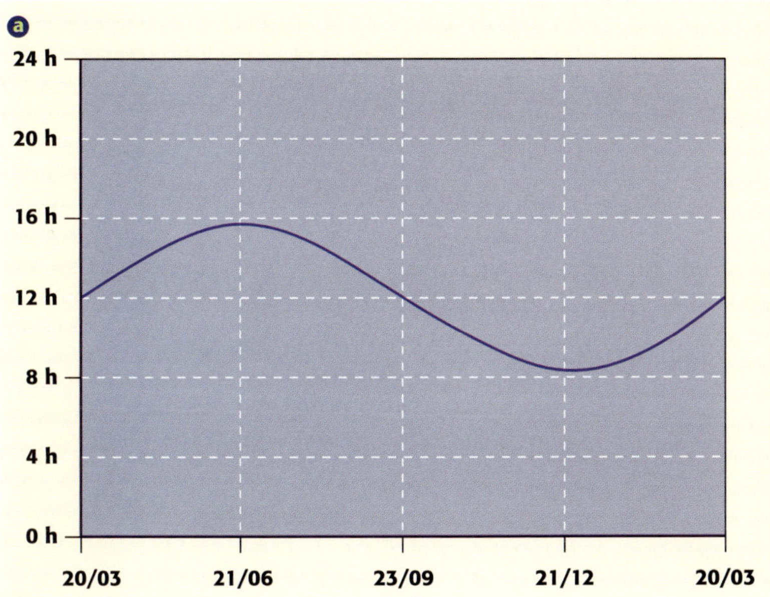

b

Date	Variation en min/jour
1er janvier	+ 1
15 janvier	+ 2
5 février	+ 3
20 mars	+ 3,4
28 avril	+ 3
24 mai	+ 2
8 juin	+ 1
21 juin	0
3 juillet	– 1
19 juillet	– 2
15 août	– 3
23 septembre	– 3,4
4 novembre	– 3
27 novembre	– 2
10 décembre	– 1
21 décembre	0

31 **a. Variations de la longueur de la journée** en fonction de la date, à la latitude de 47° nord ; **b.** Variations de la longueur de la journée au cours de l'année à la latitude de 47° nord, en minute par jour.

Les variations selon la latitude

Au solstice d'été, si on se déplace du sud au nord, la longueur de la journée augmente et celle de la nuit diminue (fig. 32). En revanche, au solstice d'hiver (fig. 29), toujours en se déplaçant du sud au nord, la journée est de plus en plus courte et la nuit de plus en plus longue.

En été, par exemple, les journées sont plus longues à Lille qu'à Ajaccio, alors qu'en hiver elles y sont plus courtes. La moyenne sur l'année est de 12 heures environ. Le tableau 33 montre la durée de la journée aux solstices dans quelques villes de France.

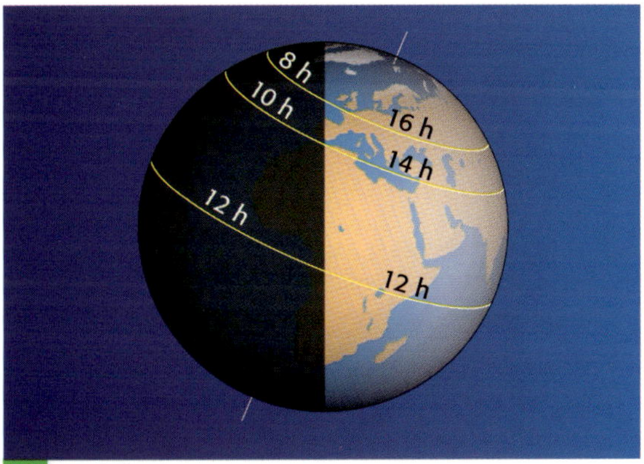

32 **Durées de la journée et de la nuit au solstice d'été.**

Ville	Latitude	Durée de la journée au solstice d'été	Durée de la journée au solstice d'hiver
Lille	50° 38′	16 h 15 min	7 h 45 min
Paris	48° 50′	15 h 58 min	8 h 02 min
Dijon	47° 19′	15 h 44 min	8 h 16 min
Lyon	45° 46′	15 h 32 min	8 h 28 min
Bordeaux	44° 50′	15 h 24 min	8 h 36 min
Marseille	43° 17′	15 h 13 min	8 h 47 min
Ajaccio	41° 55′	15 h 03 min	8 h 57 min

33 Durée de la journée aux solstices dans différentes villes de France. Cette durée est calculée en prenant le centre du Soleil à son lever et son coucher à l'horizon* et sans tenir compte du phénomène de réfraction atmosphérique*).

Compléments

- **Calcul de la durée de la journée: annexe 6, p. 105.**
- **Observation et calcul de la durée de la journée avec un globe terrestre: voir p. 85.**
- **La réfraction atmosphérique: voir p. 53.**
- **En janvier, les journées rallongent par le soir: voir p. 56.**

La hauteur du Soleil à midi

La hauteur* du Soleil à midi* varie selon l'époque de l'année. Là encore, c'est l'inclinaison de l'axe de la Terre sur le plan de son orbite qui est la cause de ce changement. Le jour du solstice d'été à midi et à 47° de latitude nord, le Soleil culmine à environ 66° au-dessus de l'horizon. Le jour du solstice d'hiver, à la même heure et au même endroit, le Soleil ne monte qu'à environ 20° au-dessus de l'horizon (fig. 34).

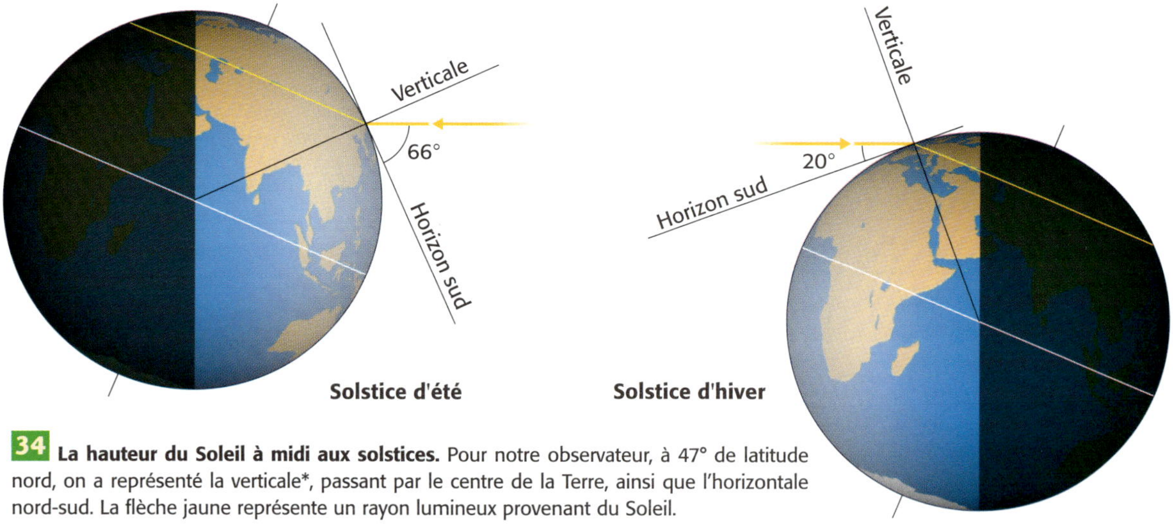

34 La hauteur du Soleil à midi aux solstices. Pour notre observateur, à 47° de latitude nord, on a représenté la verticale*, passant par le centre de la Terre, ainsi que l'horizontale nord-sud. La flèche jaune représente un rayon lumineux provenant du Soleil.

Compléments

- **Calcul de la hauteur du Soleil à midi: annexe 6, p. 105.**
- **Observation de la variation de hauteur du Soleil à midi avec un globe terrestre: p. 84.**

Directions du lever et du coucher de Soleil

Vues « de haut »

Pour comprendre pourquoi le Soleil se lève ou se couche dans la direction observée, on peut s'aider de schémas montrant la Terre « de haut » (depuis le pôle Nord de l'écliptique) à différentes époques de l'année (fig. 35). Les points L, M et C correspondent respectivement aux positions d'un observateur situé sur le 47e parallèle* au lever du Soleil (L), à midi* solaire (M) et au coucher du Soleil (C). L et C sont à la limite de la partie éclairée et de la partie dans la nuit. C'est le sens de rotation de la Terre qui permet de placer C en début de nuit et L en fin de nuit.

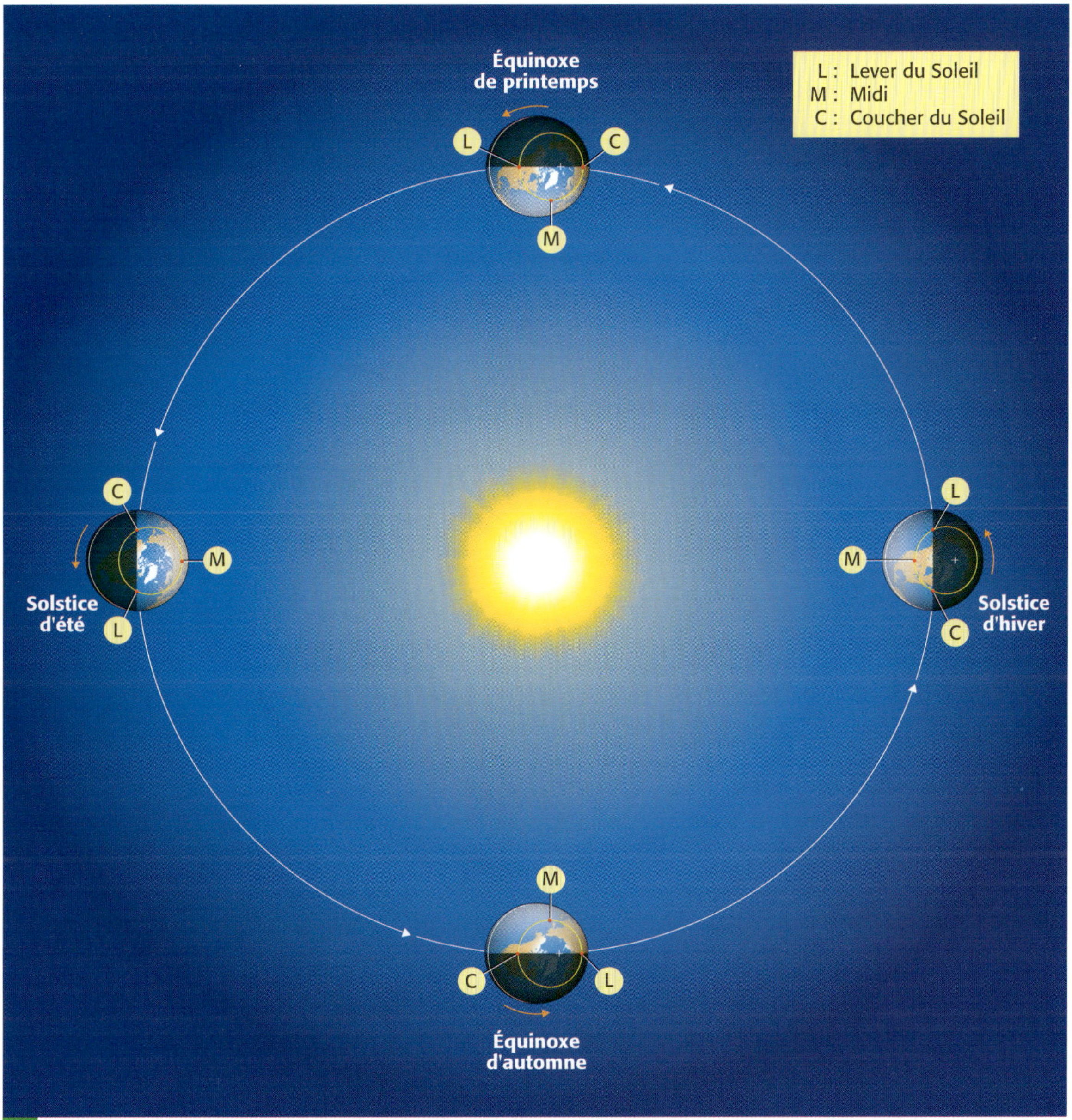

35 **Vue « de haut » de la Terre sur son orbite lors des solstices et des équinoxes.** L : lever du Soleil ; M : midi ; C : coucher du Soleil.

Sur les vues suivantes (fig. 36), on a indiqué les points cardinaux pour le lieu du lever et du coucher du Soleil sur le 47e parallèle Nord. Le nord et le sud sont repérés par la direction des pôles, les directions est et ouest suivent le parallèle. On pourra vérifier que les directions du lever et du coucher du Soleil obtenues sont bien les mêmes que celles de la figure 4, page 9. Au solstice d'hiver (fig. 36a), lors du lever de Soleil, le rayon lumineux arrive approximativement du sud-est ; au coucher de Soleil, on l'observe au sud-ouest. Le Soleil se lève donc au sud-est pour se coucher au sud-ouest. À l'équinoxe de printemps (fig. 36b), le Soleil se lève exactement à l'est pour se coucher à l'ouest. La situation est la même à l'équinoxe d'automne. Au solstice d'été (fig 36c), le Soleil se couche au nord-ouest après s'être levé au nord-est.

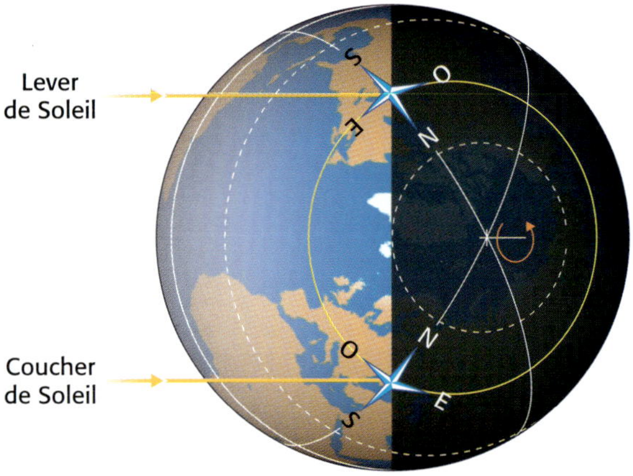

a Solstice d'hiver

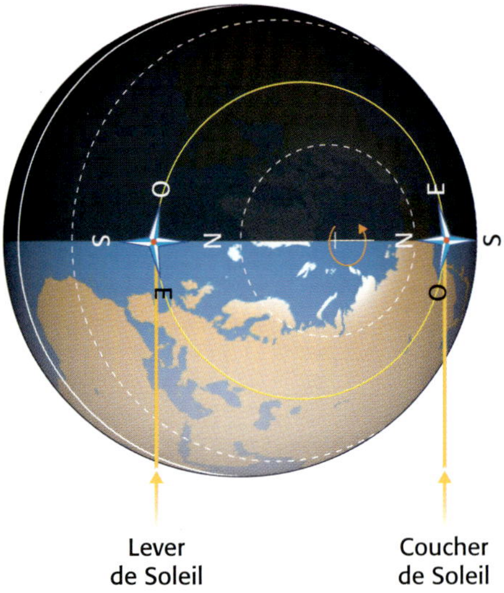

b Équinoxe de printemps

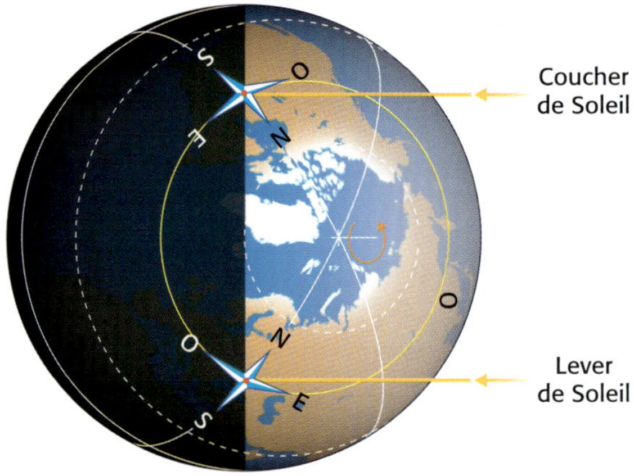

c Solstice d'été

36 **a. Vue « de haut » de la Terre sur son orbite au solstice d'hiver.** La flèche représente un rayon solaire reçu au lever ou au coucher du Soleil ; **b. Vue de « haut » de la Terre sur son orbite à l'équinoxe de printemps.** On obtient le même type de schéma à l'équinoxe d'automne ; **c. Vue de « haut » de la Terre sur son orbite au solstice d'été.**

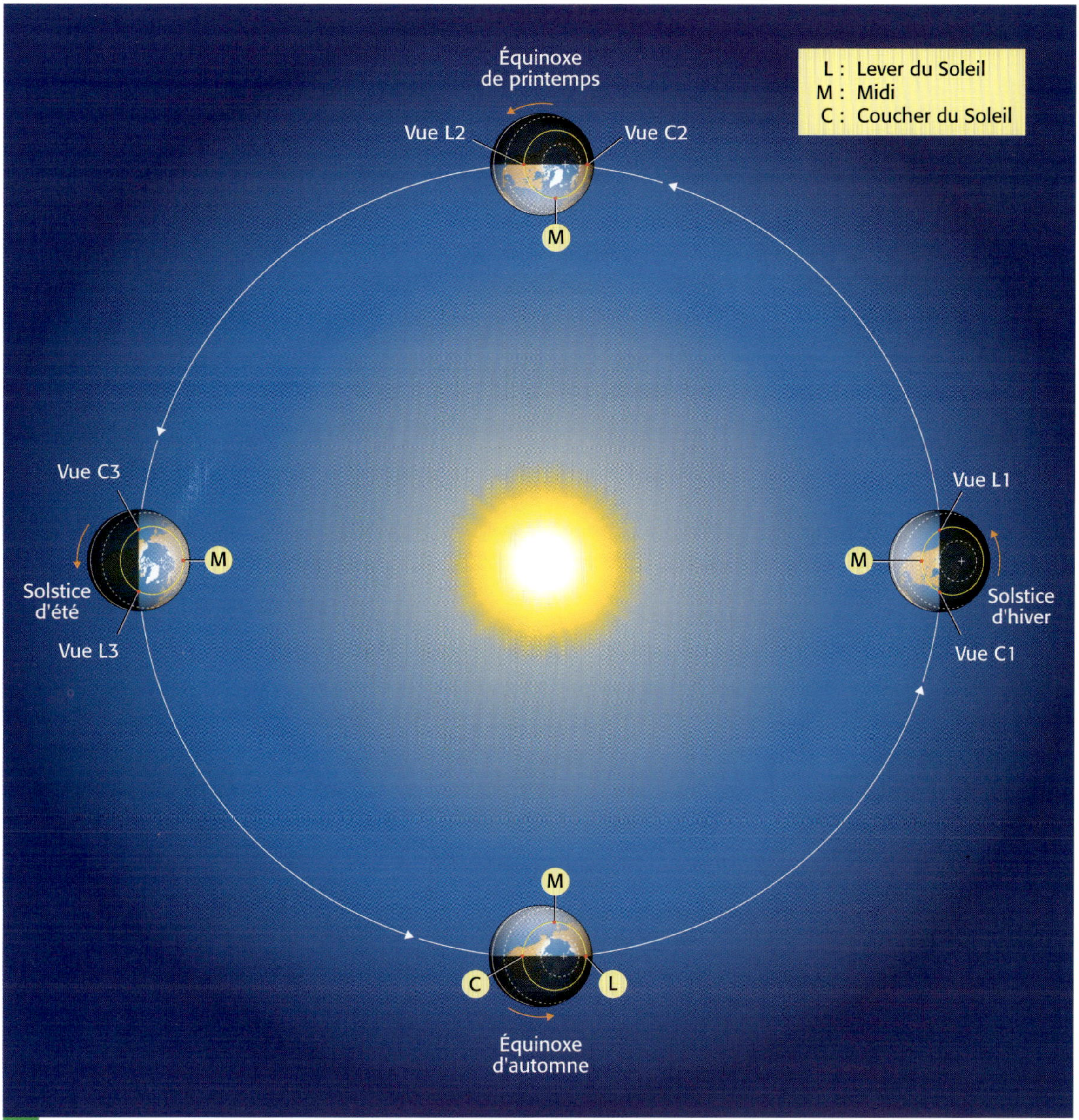

37 **Vue de « haut » indiquant les points de vue adoptés dans les figures 38 et 39 en vues de « face ».**

Vues « de face »

Les vues de « haut » montrent en même temps le lever et le coucher du Soleil. Mais pour certains, elles sont inhabituelles et peu faciles à lire. Les vues de « face » (dans le plan de l'écliptique*) sont plus courantes. Mais il faut alors deux schémas différents pour montrer le lever et le coucher du Soleil. Le schéma 37 indique la position de l'observateur dans les figures 38 et 39. Ces schémas montrent les directions de lever (vues L1, L2 et L3) et de coucher du Soleil (vues C1, C2 et C3). En voyant les trois premières vues (figure 38, L1, L2 et L3) et les trois vues suivantes (figure 39, C1, C2 et C3), on pourrait croire que l'axe de la Terre se balance au rythme des saisons. En réalité, c'est le point de vue de l'observateur qui se modifie et l'axe de la Terre garde une direction fixe par rapport aux étoiles. Sur ces figures, on retrouve les directions de lever et de coucher de Soleil observées dans le premier chapitre.

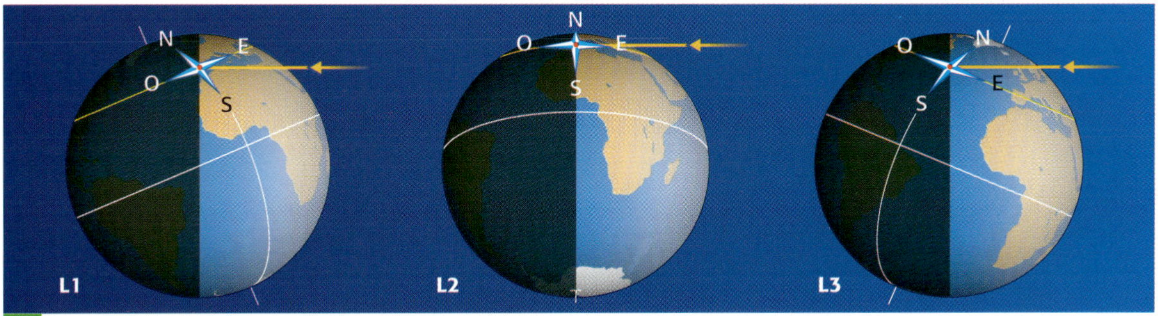

38 Levers de Soleil vus depuis le plan de l'écliptique : au solstice d'hiver (L1), le Soleil se lève au sud-est, à l'**équinoxe de printemps** (L2), le Soleil se lève à l'est, au **solstice d'été** (L3), le Soleil se lève au nord-est.

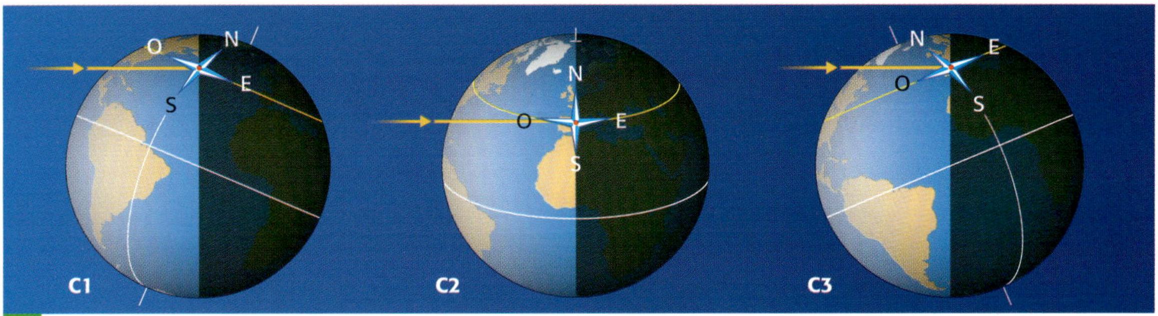

39 Couchers de Soleil vus depuis le plan de l'écliptique : au solstice d'hiver (C1), le Soleil se couche au sud-ouest, à l'équinoxe de printemps (C2), le Soleil se couche à l'ouest, au solstice d'été (C3), le Soleil se couche au nord-ouest.

Pourquoi fait-il plus chaud en été ?

En été, il fait plus chaud pour deux raisons : parce que le Soleil est plus haut dans le ciel et parce que, la durée de la journée étant plus longue, il nous chauffe plus longtemps. Ces deux paramètres – hauteur du Soleil et durée de la journée – varient au cours de l'année car l'axe de la Terre n'est pas perpendiculaire au plan de l'écliptique.

Parce que le Soleil est plus haut dans le ciel

Imaginez un faisceau de lumière de 1 m^2 de section en provenance du Soleil (fig. 40). Si celui-ci est vertical, il chauffera une surface horizontale de 1 m^2 (**a**). S'il fait un angle de 66° avec l'horizontale, comme c'est le cas à midi en juin, à 47° de latitude nord, il devra chauffer une surface de 1,1 m^2 (**b**). Mais, en décembre, lorsque le Soleil monte à peine à 20° au-dessus de l'horizon, la surface à réchauffer est de 3 m^2 (**c**) ; chaque mètre carré reçoit donc beaucoup moins de chaleur. On peut formuler ce résultat autrement : un même faisceau de lumière chauffe une plus petite surface en été qu'en hiver.

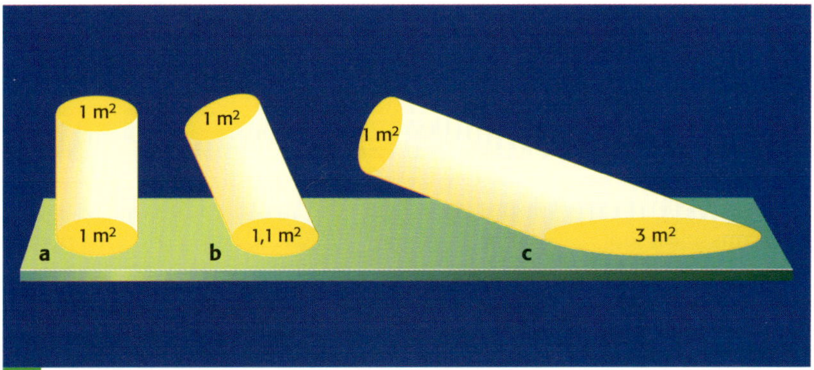

40 Plus le Soleil est bas au-dessus de l'horizon, plus la surface chauffée par un même faisceau de lumière est importante.

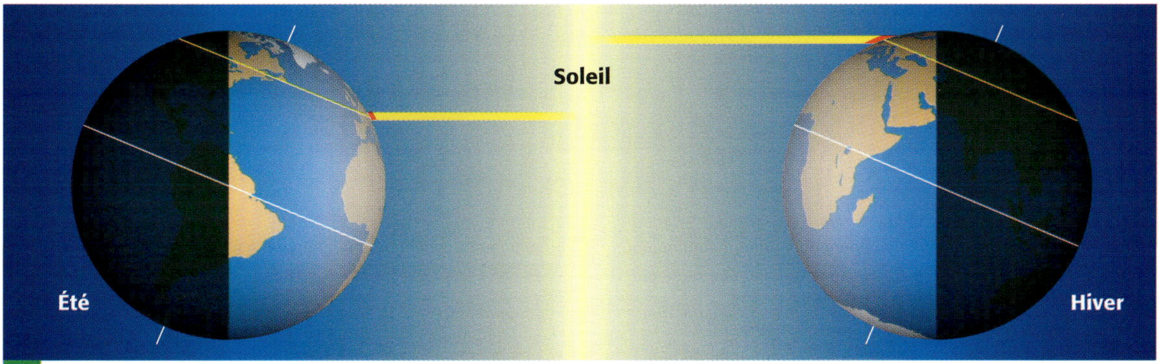

41 **La surface éclairée par un même faisceau de lumière en été et en hiver.**

Complément

- **Expériences montrant la relation entre hauteur du Soleil et température : pp. 86 à 92.**

Parce que le Soleil nous chauffe plus longtemps

En juin, les journées sont environ deux fois plus longues qu'en décembre et le Soleil nous chauffe donc deux fois plus longtemps.

La quantité d'énergie reçue chaque jour par m² de sol se mesure en joules. Sans tenir compte du phénomène d'absorption atmosphérique qui diminue quelque peu ces valeurs (voir pp. 30-31), on obtient pour la latitude de Dijon : 9 mégajoules/m² au solstice d'hiver et 43 mégajoules/m² au solstice d'été, soit près de 5 fois plus.

À nos latitudes, le facteur durée de la journée est un peu moins important dans le phénomène des saisons que le facteur hauteur du Soleil : la longueur de la journée est presque doublée en été, alors que la hauteur du Soleil multiplie la quantité d'énergie reçue par environ 2,5. Les proportions restent à peu près les mêmes du nord au sud de la France métropolitaine.

Le 21 juin est le jour de l'année où le Soleil est au plus haut et où la journée est la plus longue. C'est donc ce jour-là que nous recevons la plus grande quantité de chaleur. Mais ce n'est pas le jour où la température est la plus élevée, simplement parce qu'il faut à la Terre un certain temps pour se réchauffer. De la même manière, le 21 décembre est le jour où l'on reçoit le moins de chaleur du Soleil, mais les températures les plus basses ont lieu plusieurs semaines plus tard, à la mi-janvier en moyenne. Au printemps et en été, nous recevons la même quantité de chaleur puisque la longueur des journées et la hauteur du Soleil sont symétriques par rapport au solstice d'été. L'été est pourtant la saison la plus chaude, toujours à cause du temps que met la Terre à se réchauffer.

Et la distance Terre-Soleil ?

De très nombreuses personnes (et même quelques livres !) invoquent la variation de distance Terre-Soleil pour expliquer les saisons. C'est une erreur trop répandue qu'il convient de rectifier.

Quatre remarques s'imposent :

1. Le type de schéma ci-dessous (fig. 42) peut faire croire que les régions équatoriales (en B) sont beaucoup plus proches du Soleil (S) que l'Europe (en A). En réalité, le rayon de la Terre est minuscule par rapport à la distance du Soleil, la vingt millième partie environ (fig. 43). Avec une distance Terre-Soleil de 149 600 000 km et un rayon de la Terre de 6 370 km, donc SA = 149 597 870 km et SB = 149 594 160 km, soit une variation de 0,002 %, écart insignifiant pour expliquer les saisons : les distances du Soleil aux points A et B peuvent être considérées comme égales.
2. Autre type de schéma trompeur : une représentation en perspective (fig. 44) peut faire penser que, en tournant autour du Soleil, la Terre s'en approche parfois beaucoup plus qu'à d'autres moments et ceci, deux fois par an.

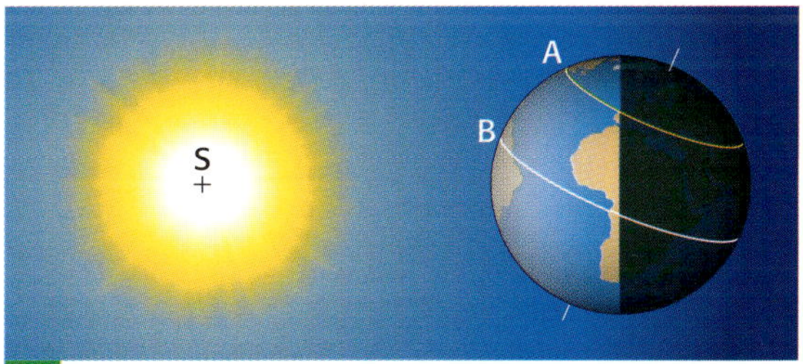

42 **Représentation de la Terre et du Soleil à deux échelles différentes.** Comme il est difficile d'utiliser la même échelle pour les diamètres et les distances, cela peut entraîner des erreurs d'interprétation.

43 **Représentation du Soleil et de la Terre avec une seule échelle.** Pour une distance Terre-Soleil de 10 cm, le diamètre du Soleil mesure 1 mm et celui de la Terre un centième de mm !

3. En réalité, l'orbite de la Terre n'est pas exactement centrée sur le Soleil. Nous en sommes donc plus proches à certaines époques de l'année. Cette variation de distance peut-elle expliquer les saisons ? Si tel était le cas, l'été devrait avoir lieu lorsque la Terre est au plus près du Soleil. On ne peut alors pas comprendre que l'hiver de l'hémisphère sud ait lieu en même temps que l'été de l'hémisphère nord. La distance Terre-Soleil est effectivement variable, mais très peu. Nous sommes d'ailleurs au plus près du Soleil début janvier et cela n'a rien à voir avec les saisons. Celles-ci s'expliquent très bien avec une trajectoire circulaire.

4. Il est tout à fait possible de vérifier expérimentalement que nous ne sommes pas sensiblement plus proches du Soleil en été. Si tel était le cas, nous devrions alors l'observer plus gros puisque nous en sommes plus près. Il suffit donc de mesurer ce que l'on appelle son diamètre apparent (fig. 45). Pour cela, on observe le Soleil à travers un filtre suffisamment sombre pour ne pas être ébloui. On obtient à n'importe quelle époque de l'année des mesures semblables : un demi-degré (**Attention** ! Regarder le Soleil sans précaution est dangereux pour les yeux. Les rayonnements ultraviolets et infrarouges peuvent causer des dégâts irréparables). Le diamètre apparent du Soleil vaut environ 0,5°. Il n'est apparemment pas plus grand en été, ce qui prouve que la distance du Soleil varie peu entre l'hiver et l'été.

Remarque : Avec cette méthode, on peut aussi montrer que le Soleil à son coucher ou à son lever n'est pas plus gros qu'à midi. Il s'agit d'une simple illusion qu'on peut expliquer ainsi : lorsqu'on observe le Soleil à l'horizon, on le compare avec des objets lointains. Un arbre à l'horizon paraîtra plus petit qu'un arbre au-dessus de vous. De la même manière, quand un oiseau ou un nuage passe au-dessus de nous, nous avons l'habitude de le voir plus gros à la verticale parce qu'il est plus proche. Ainsi pour notre cerveau, le même objet vu à l'horizontale doit être plus petit qu'à la verticale. Or le Soleil ne l'est pas. Et notre cerveau nous le fait voir plus gros.

Compléments

- **L'orbite elliptique de la Terre : p. 46.**
- **La mesure du diamètre apparent du Soleil : p. 93.**

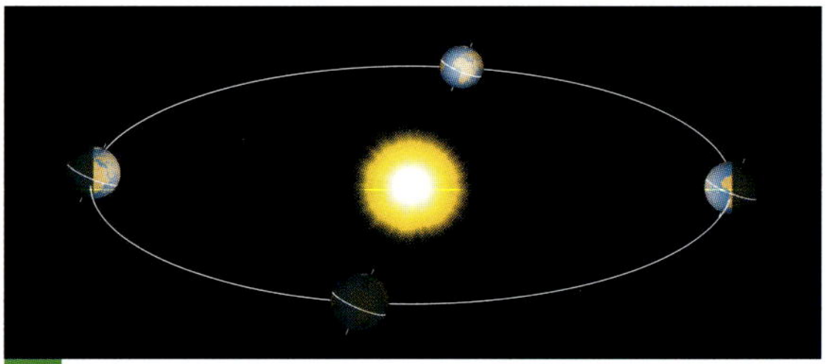

44 **Représentation du système Terre-Soleil en perspective.**

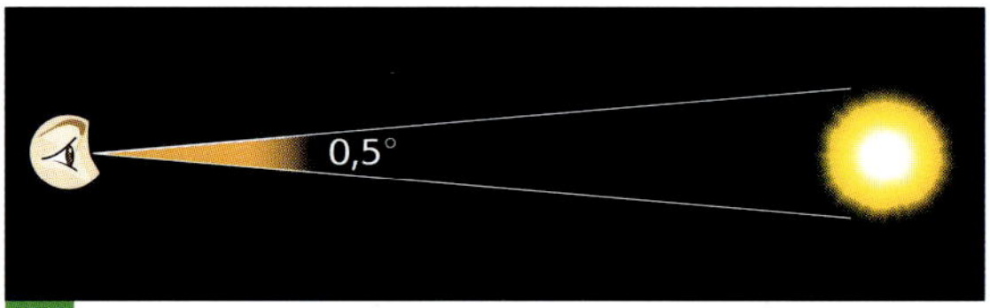

45 **La mesure du diamètre apparent du Soleil.**

Et l'épaisseur de l'atmosphère traversée ?

Les saisons sont parfois expliquées par la variation de l'épaisseur d'atmosphère traversée par les rayons solaires. C'est une erreur qu'il convient également de rectifier. Considérons un faisceau de lumière en provenance du Soleil. Une partie de cette lumière est réfléchie par la haute atmosphère, une deuxième partie est absorbée par l'atmosphère et le reste parvient jusqu'au sol (fig. 46).

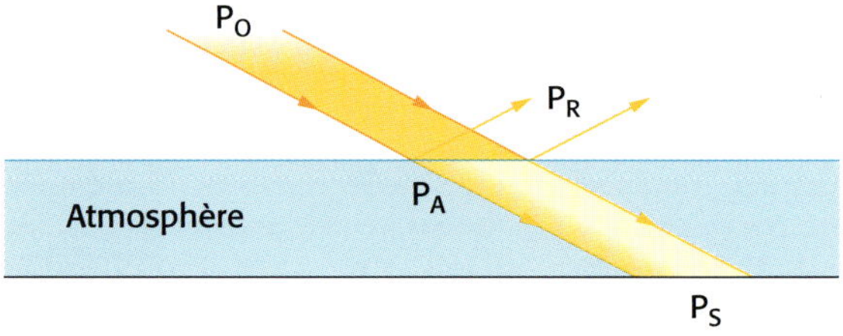

46 **La traversée de l'atmosphère par le rayonnement solaire.** Seule une partie de la lumière en provenance du Soleil parvient jusqu'au sol. P_0 = puissance hors atmosphère ; P_R = puissance réfléchie ; P_A = puissance absorbée ; P_S = puissance reçue au niveau du sol. $P_S = P_0 - P_R - P_A$.

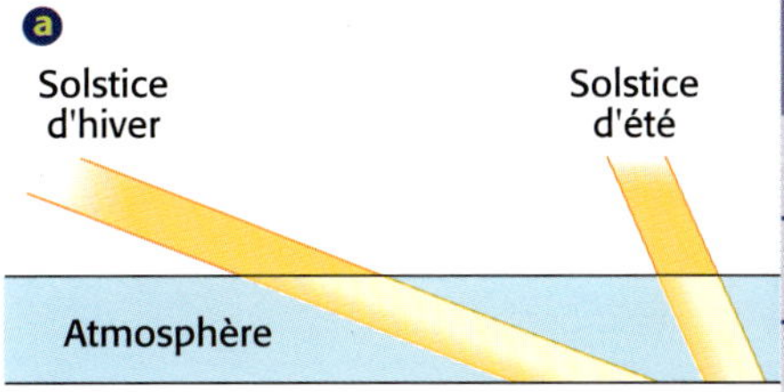

b Hauteur du Soleil au-dessus de l'horizon	Solstice d'hiver 20°, le 21/12 à midi	Solstice d'été 66°, le 21/06 à midi
P_R, puissance réfléchie (en % de P_0)	15 %	6 %
P_A, puissance absorbée (en % de P_0)	23 %	18 %
P_S, puissance reçue au niveau du sol (en % de P_0)	62 %	76 %

47 a. La traversée de l'atmosphère par le rayonnement solaire selon la hauteur du Soleil au-dessus de l'horizon ; b. Pourcentage de puissance lumineuse réfléchie et absorbée par l'atmosphère selon la hauteur du Soleil au-dessus de l'horizon.

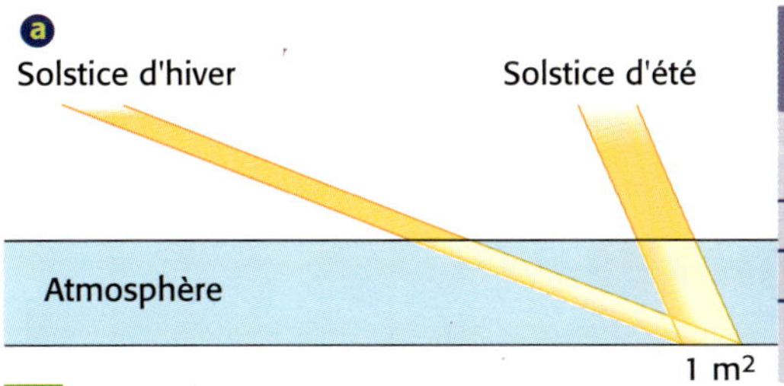

b Hauteur du Soleil au-dessus de l'horizon	(1) 20°, le 21/12 à midi	(2) 66°, le 21/06 à midi
P_0, puissance reçue hors atmosphère	470 W	1 250 W
P_R, puissance réfléchie	70 W	70 W
P_A, puissance absorbée	110 W	230 W
P_S, puissance reçue au niveau du sol	290 W	950 W

48 a. Rayonnement solaire reçu au sol en considérant un faisceau de lumière solaire éclairant 1 m² de surface au sol : 1. solstice d'hiver, 2. solstice d'été ; b. Puissance lumineuse reçue, réfléchie et absorbée (en watts) selon la hauteur du Soleil au-dessus de l'horizon (Source : Météo France). Pour calculer P_0, on sait qu'un faisceau de lumière de 1 m² de section amène environ 1 370 W au niveau de la Terre. À midi au solstice d'hiver, le Soleil est à 20° au-dessus de l'horizon et ce faisceau doit éclairer une surface horizontale d'environ 2,9 m². On aura donc pour 1 m² le 21 décembre à midi : $P_0 = 1\,370$ W/2,9 = 470 W. Pour le 21 juin à midi, on obtient 1 370 W/1,1 = 1 250 W.
Plus généralement, on a $P_0 = 1\,370 \times \sin h$ (voir p. 110), où h est la hauteur du Soleil au-dessus de l'horizon.

Le tableau 47b donne les proportions de puissance réfléchie, absorbée et reçue au sol pour une hauteur du Soleil de 20° au-dessus de l'horizon (hauteur du Soleil le 21 décembre à midi à Dijon), et pour 66° (le 21 juin à midi, au même endroit), ceci pour un ciel clair. Les puissances sont données en pourcentage de la puissance hors atmosphère. En pourcentage, la réflexion est plus importante au solstice d'hiver, quand l'éclairage est rasant. L'absorption est aussi plus élevée car le faisceau lumineux doit traverser une plus grande épaisseur d'atmosphère.

Le Soleil apporte à la Terre son énergie principalement en chauffant le sol. Pour comprendre le rôle de l'atmosphère dans les saisons, il faut considérer un faisceau de lumière solaire éclairant 1 m² de surface au sol. Au solstice d'hiver à midi, le Soleil apporte au niveau du sol 3 à 4 fois moins d'énergie qu'au solstice d'été : 290 W contre 950 W pour 1 m² horizontal (tabl. 48b). La principale cause est géométrique : quand le Soleil est plus bas, le faisceau doit éclairer et chauffer une plus grande surface. C'est ce que nous avons vu dans les pages précédentes et c'est ce que l'on retrouve dans la ligne du tableau donnant P_0.

On a vu que la puissance réfléchie, comptée en pourcentage de P_0, est nettement plus importante au solstice d'hiver. Mais en watts, elle est pratiquement constante. Quant à l'absorption comptée en watts, elle devient même plus faible au solstice d'hiver qu'au solstice d'été parce que le faisceau chauffant 1 m² de sol horizontal est moins large (voir figure 48a).

L'absorption atmosphérique n'est donc pas la cause des saisons. De plus, la puissance absorbée est transformée en chaleur, et participe ainsi partiellement au réchauffement du lieu. De toute façon, les saisons existeraient toujours si on supprimait notre atmosphère. On peut s'en convaincre en calculant la quantité d'énergie reçue sur Terre sans tenir compte de l'absorption atmosphérique, à différentes dates (voir tableau p. 109). Il faut préciser que l'absorption est très variable et dépend énormément de la qualité de l'atmosphère, en particulier de la quantité d'eau qu'elle contient.

Précisons enfin que les températures sur Terre ne dépendent pas uniquement de la latitude du lieu et de la date. Elles varient aussi en fonction du relief, de l'altitude, de la proximité ou non d'une mer, des courants comme le Gulf Stream, de la couleur du sol (la glace, par exemple, renverra la plus grande partie du rayonnement dans l'espace), des vents, etc. L'atmosphère a aussi un rôle important par sa composition puisqu'elle nous renvoie une partie des infrarouges émis par la Terre. C'est ce qu'on appelle l'effet de serre naturel. Sans lui, la température sur Terre serait plus basse d'environ 30 °C. Les modifications actuelles de la composition de l'atmosphère (importants rejets de dioxyde de carbone notamment) tendent à augmenter cet effet de serre naturel et donc la température sur Terre. Mais nous n'étudierons pas ici ces paramètres géographiques et humains, nous limitant aux facteurs astronomiques.

Complément

- **Calcul de la quantité d'énergie reçue au cours d'une journée : annexe 9, p. 109.**

Les dates des solstices et équinoxes

En observant le mouvement apparent du Soleil, on a défini solstices et équinoxes au jour près (voir p. 13). Mais on peut le faire à la minute près. Sur la figure 49, le plan de l'orbite de la Terre, appelé plan de l'écliptique, est représenté horizontal. On appelle P le plan contenant l'axe de la Terre et perpendiculaire au plan de l'écliptique, donc représenté ici vertical. Comme la direction de l'axe de la Terre est pratiquement fixe dans l'espace, le plan P garde aussi une direction fixe. On définit le solstice comme l'instant où ce plan contient le Soleil, en positions 1 et en 3 sur le schéma. Aux équinoxes, la direction Terre-Soleil est perpendiculaire au plan P, comme en 2 et en 4. Le plan de l'équateur*, représenté en orange, passe alors par le Soleil.

Connaissant la position de la Terre aux solstices et aux équinoxes, on définit ainsi l'instant précis des solstices et des équinoxes et, par des mesures et des calculs, les astronomes peuvent en donner l'heure à la minute près (tableau 50).

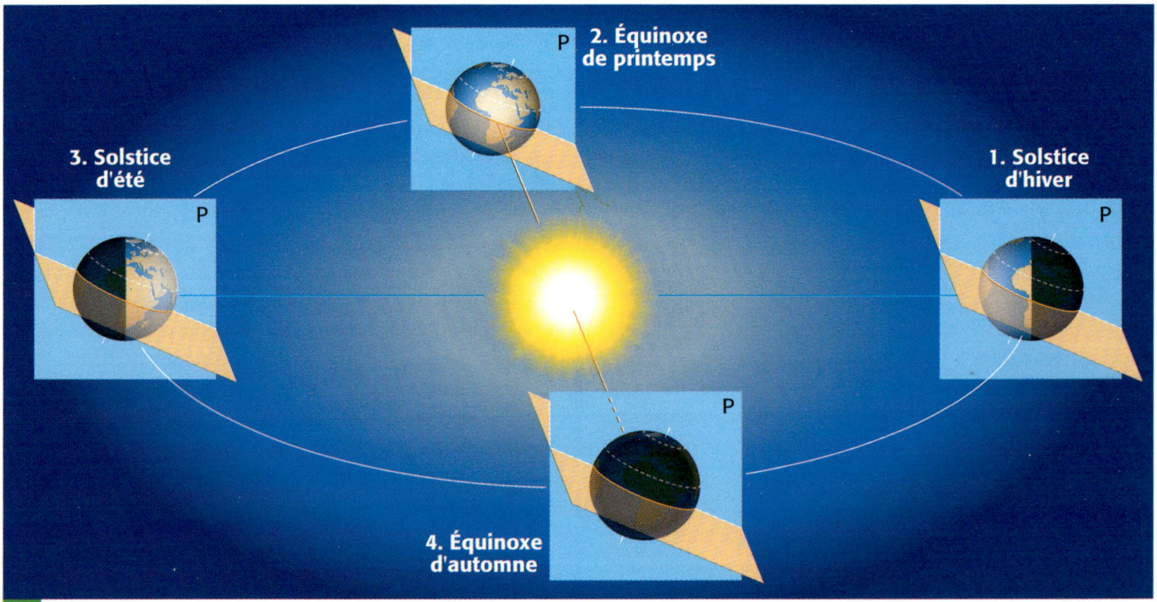

49 **La position de la Terre aux solstices et aux équinoxes.** On peut définir les solstices et les équinoxes grâce au plan P et au plan de l'équateur.

Année	Équinoxe de printemps	Solstice d'été	Équinoxe d'automne	Solstice d'hiver
1995	21/03 à 2 h 14	21/06 à 20h34	23/09 à 12 h 12	22/12 à 8 h 17
1996 (bissextile)	20/03 à 8 h 03	21/06 à 2 h 24	22/09 à 18 h	21/12 à 14 h 06
1997	20/03 à 13 h 54	21/06 à 8 h 20	22/09 à 23 h 56	21/12 à 20 h 07
1998	20/03 à 19 h 54	21/06 à 14 h 02	23/09 à 5 h 37	22/12 à 1 h 56
1999	21/03 à 1 h 46	21/06 à 19 h 49	23/09 à 11 h 31	22/12 à 7 h 44
2000 (bissextile)	20/03 à 7 h 35	21/06 à 1 h 47	22/09 à 17 h 27	21/12 à 13 h 38
2001	20/03 à 13 h 31	21/06 à 7 h 37	22/09 à 23 h 04	21/12 à 19 h 21
2002	20/03 à 19 h 16	21/06 à 13 h 25	23/09 à 4 h 55	22/12 à 1 h 15
2003	21/03 à 1 h	21/06 à 19 h 10	23/09 à 10 h 46	22/12 à 7 h 04
2004 (bissextile)	20/03 à 6 h 48	21/06 à 0 h 57	22/09 à 16 h 30	21/12 à 12 h 41
2005	20/03 à 12 h 33	21/06 à 6 h 46	22/09 à 22 h 23	21/12 à 18 h 35
2006	20/03 à 18 h 25	21/06 à 12 h 25	23/09 à 4 h 03	22/12 à 0 h 21

50 **Dates et heures des solstices et équinoxes de 1995 à 2006.** (Source : site Internet du Bureau des longitudes, Institut de mécanique céleste : http://www.bdl.fr.)

La durée moyenne de l'année des saisons (dite année tropique) est de 365,2422 jours contre 365 ou 366 pour l'année civile. Les solstices et équinoxes avancent donc en moyenne de 0,2422 jour ou 5 h 50 min par année normale.
Pour les années bissextiles, ils reculent de 18 h 10 min. Voilà pourquoi ils ne tombent pas toujours à la même date.
Dates des solstices et équinoxes autour de l'an 2000 :
– équinoxe d'automne : 20 ou 21 mars. Moyenne : le 20 mars après-midi ;
– solstice d'été : 21 juin (exceptionnellement le 20) ;
– équinoxe d'automne : 22 ou 23 septembre. Moyenne : le 23 septembre au matin ;
– solstice d'hiver : 21 ou 22 décembre. Moyenne : 21 décembre au soir.

Complément

• **L'année tropique et le calendrier grégorien : p. 52.**

Saisons et climats dans le monde

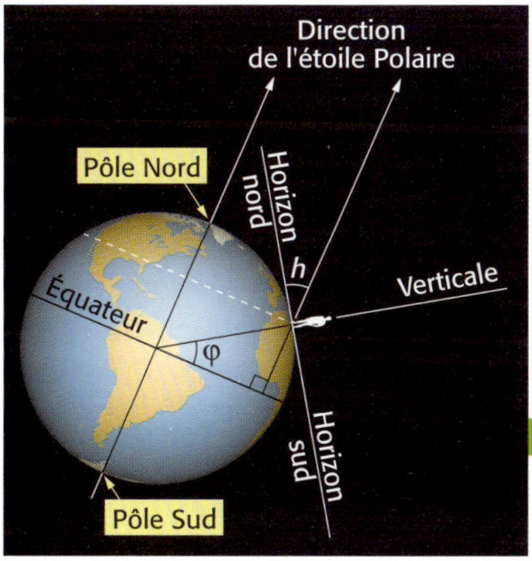

Le terme « climat », du latin *clima*, inclinaison, désigne étymologiquement l'angle entre les rayons solaires et la surface terrestre. La répartition du rayonnement solaire à la surface de la Terre, qui s'explique par l'inclinaison de la planète par rapport au plan de son orbite, est en effet un élément déterminant de la disposition, globalement en bandes parallèles, des grandes zones climatiques. Voici quelques précisions sur les mouvements apparents du Soleil et l'inclinaison des rayons solaires à différentes latitudes. Ceux-ci peuvent être aisément compris à partir des mouvements de la Terre décrits dans le chapitre II.

51 **Le mouvement apparent du ciel.** Le Soleil semble tourner autour d'un axe parallèle à l'axe de la Terre. Cet axe a une inclinaison qui dépend de la latitude. Il est vertical aux pôles et horizontal à l'équateur. Plus précisément, il fait un angle avec le plan horizontal égal à la latitude.

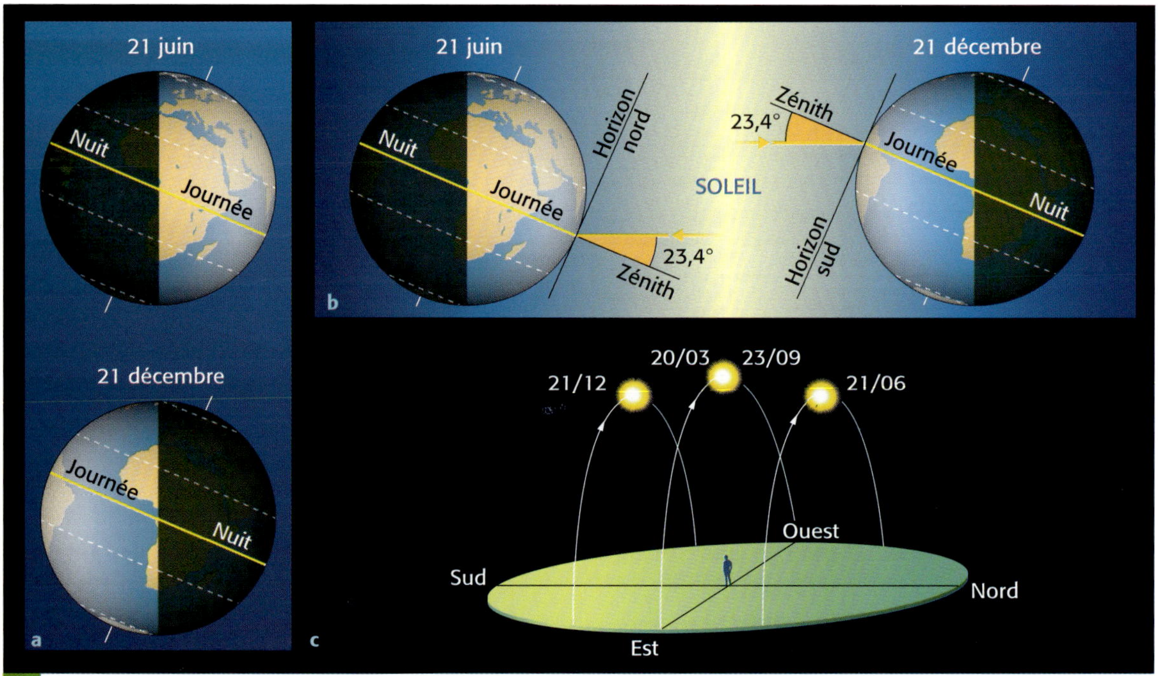

52 a. Durées de la journée et de la nuit à l'équateur aux solstices ; b. Direction des rayons du Soleil à l'équateur à midi, aux solstices. Le 21 juin, le Soleil de midi est au nord, à 23,4° du zénith*, alors que le 21 décembre, il est au sud ; **c. Trajectoire apparente du Soleil vue depuis l'équateur, aux équinoxes et aux solstices.** Le Soleil passe au zénith à midi deux fois par an, aux équinoxes de printemps et d'automne. On l'observe au nord au printemps et en été et au sud à l'automne et en hiver.

À l'équateur

À l'équateur, la journée* et la nuit (fig. 52) ont toujours la même durée de 12 heures, à toutes les époques de l'année. La quantité d'énergie reçue chaque jour du Soleil est maximale aux équinoxes et minimale aux solstices. Mais elle varie peu, de 10 % environ.

Autour de l'équateur, les températures sont élevées (27 °C en moyenne) et les variations annuelles très faibles (de 1 à 6 °C).

Dans l'hémisphère sud

Les figures 53 expliquent ce que l'on peut observer depuis l'hémisphère sud, à 47° de latitude*. À l'inverse de l'hémisphère nord, les nuits sont plus longues en juin et plus courtes en décembre.

Pour tous les lieux situés entre le tropique du Capricorne (23° 26') et le cercle polaire sud (66° 34'), les schémas seraient analogues. Les mois les plus chauds sont janvier et février. Si vous partez fêter le jour de l'an dans ces régions, n'oubliez pas votre maillot de bain... Et si vous réservez une chambre d'hôtel, demandez-la orientée au nord pour avoir du soleil.

Aux cercles polaires

Le 21 juin, le cercle polaire arctique (66° 34' nord) est entièrement éclairé par le Soleil, ainsi que toutes les zones situées au nord de celui-ci (fig. 54). Le 21 décembre, en revanche, toutes ces régions sont dans la nuit. Le cercle polaire antarctique (66° 34' sud) est entièrement éclairé par le Soleil le 21 décembre et dans la nuit le 21 juin.

Vu depuis le cercle polaire arctique, le jour du solstice d'été, le Soleil ne se couche pas. Il se contente de frôler l'horizon à minuit. Au solstice d'hiver, il ne se lèvera pas, arrivant juste au niveau de l'horizon à midi. (En réalité, la réfraction atmosphérique fait qu'il passera légèrement au-dessus de l'horizon.)

On peut définir le cercle polaire arctique ainsi : c'est l'ensemble des points de la Terre d'où l'on voit le Soleil exactement à l'horizon le jour du solstice d'été à minuit (sans tenir compte de la réfraction atmosphérique). C'est donc le parallèle de latitude 90°– ε soit 66° 34', où ε est l'obliquité de l'écliptique ou inclinaison de l'axe de la Terre par rapport à la perpendiculaire au plan de son orbite. On peut donner la même définition pour le cercle polaire antarctique, mais au solstice d'hiver (21 décembre environ).

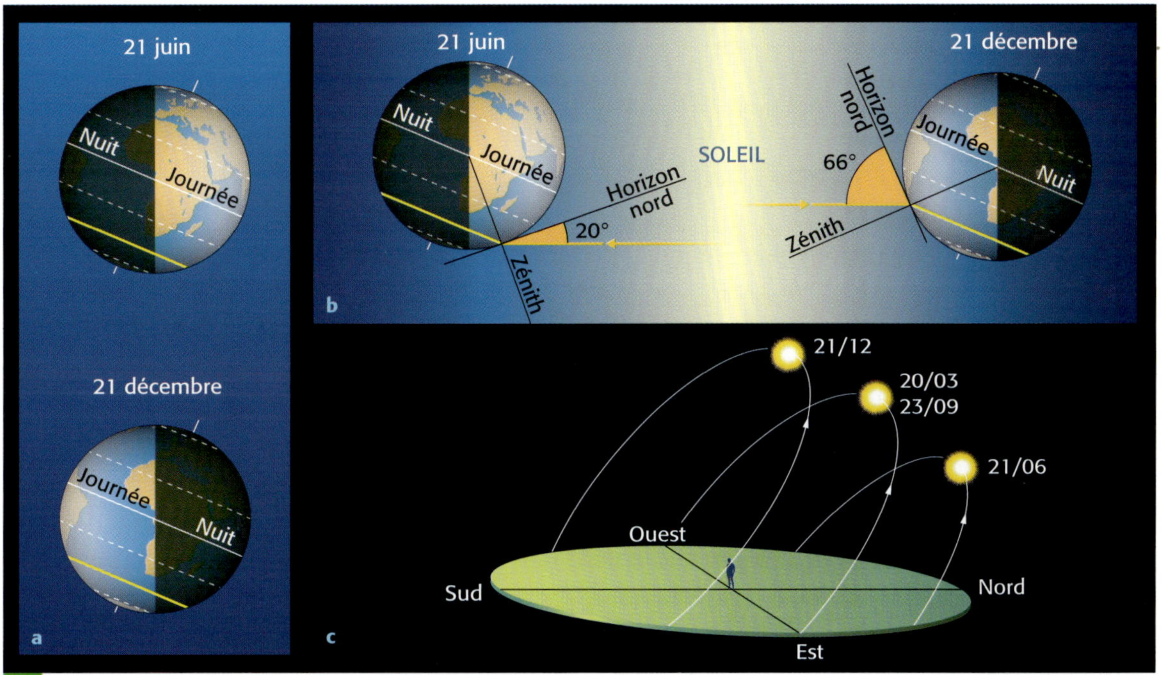

53 **a. Durées de la journée et de la nuit à 47° de latitude sud aux solstices ; b. Direction des rayons du Soleil à midi à 47° de latitude sud, aux solstices.** Le Soleil à midi est toujours observé au nord. Il est au plus bas en juin, à 20° au-dessus de l'horizon et au plus haut en décembre, à 66° ; **c. Trajectoire apparente du Soleil à 47° de latitude sud, aux solstices et aux équinoxes.** Le mouvement apparent du Soleil, à 47° de latitude sud, ressemble à ce que l'on peut observer depuis les latitudes de 47° nord : le Soleil se lève aussi vers l'est, mais il passe au nord et non au sud et il est au plus haut en décembre.

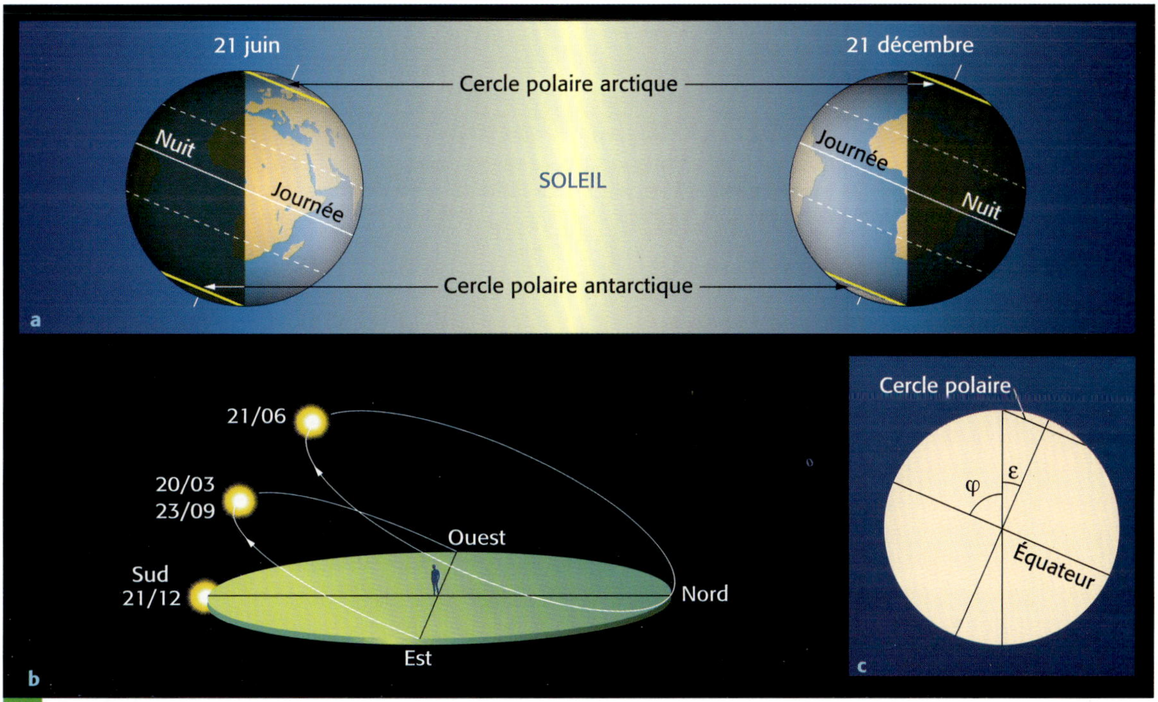

54 **a. Durées de la journée et de la nuit les 21 juin et 21 décembre aux cercles polaires ; b. Trajectoire apparente du Soleil sur le cercle polaire arctique ; c. La latitude φ du cercle polaire est égale à 90° – ε, soit 66° 34′.**

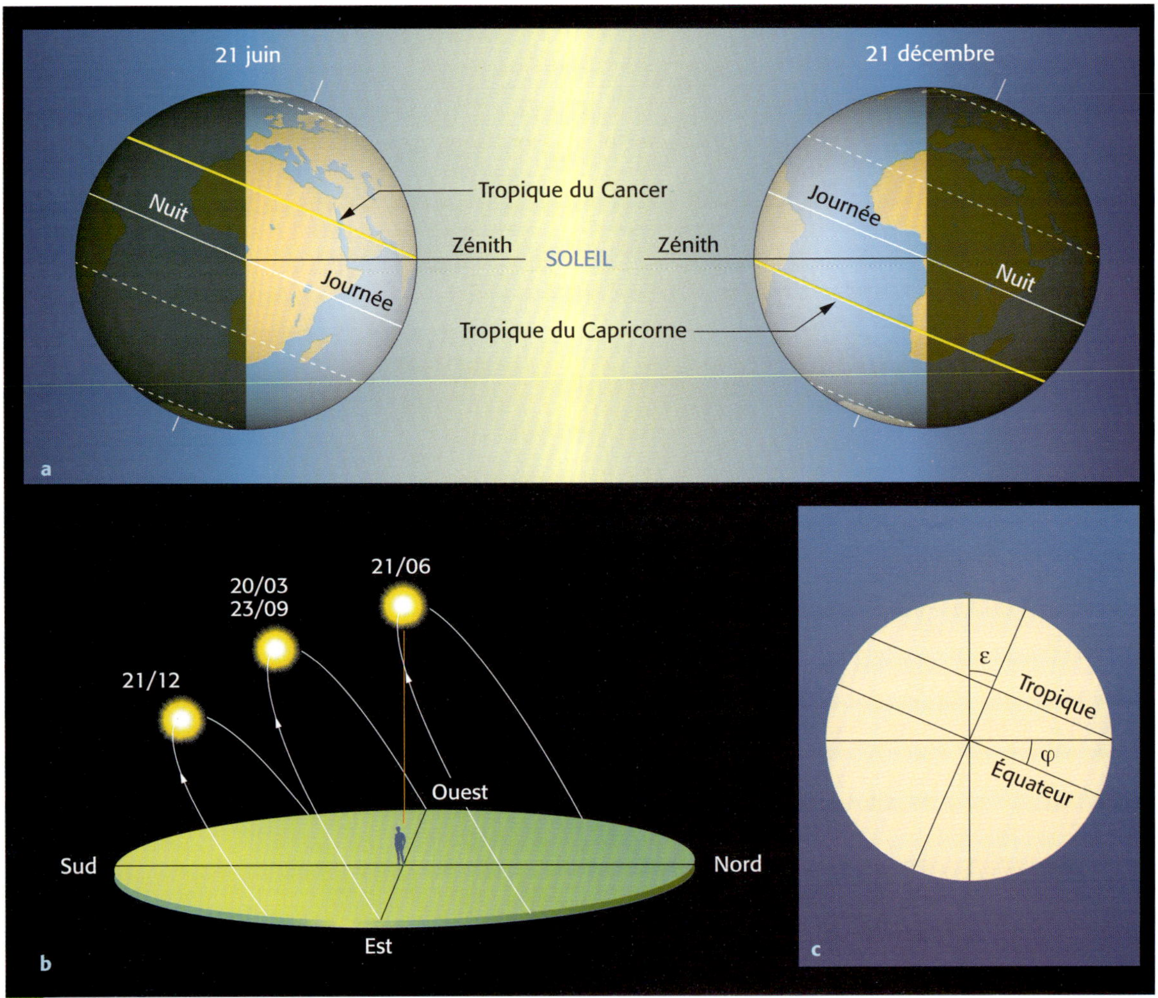

55 a. Direction des rayons du Soleil à midi les 21 juin et 21 décembre aux tropiques ; b. Trajectoire apparente du Soleil sur le tropique du Cancer aux solstices et aux équinoxes ; c. La latitude φ du tropique est exactement égale à l'obliquité* de l'axe de la Terre, soit 23° 26'. En effet, les deux angles φ et ε ont des côtés deux à deux perpendiculaires et ont donc la même mesure.

Aux tropiques

Depuis le tropique du Cancer (23° 26' N), on observe le Soleil au zénith une seule fois par an, au solstice d'été à midi (fig. 55). Sur le tropique du Capricorne (23° 26' S), le Soleil passe au zénith le 21 décembre à midi. À l'extérieur des tropiques, en Europe par exemple, on ne pourra jamais observer le Soleil au zénith. On peut définir les tropiques ainsi : c'est l'ensemble des points de la Terre d'où l'on voit le Soleil au zénith le jour du solstice à midi ; au solstice d'été pour le tropique du Cancer et au solstice d'hiver pour le tropique du Capricorne. La latitude des tropiques est égale à ε soit 23° 26' (nord ou sud). Pourquoi les noms Cancer et Capricorne donnés aux tropiques ? Le 21 juin, le Soleil rentre dans la constellation des Gémeaux mais dans le signe du Cancer, d'où ce nom de tropique du Cancer. De même, le 21 décembre, le Soleil rentre dans le signe du Capricorne alors qu'il est dans la constellation du Sagittaire.

Complément

• **Signes et constellations du zodiaque : p. 43.**

Les mouvements apparents du Soleil

Dans l'hémisphère Nord

Les mouvements apparents du Soleil dans l'hémisphère Nord sont décrits ici pour différentes latitudes sans tenir compte de la réfraction atmosphérique.

Au pôle Nord

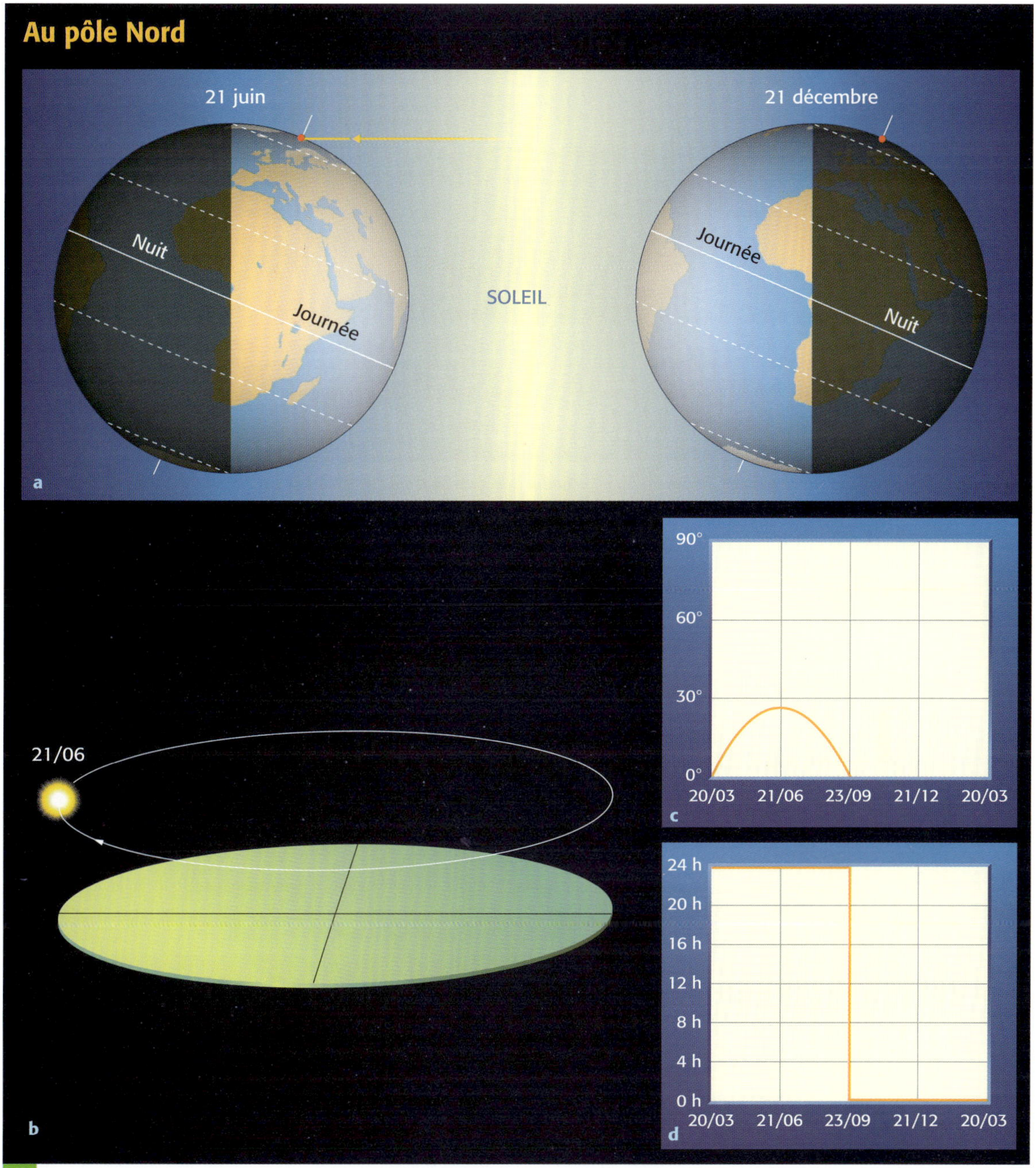

56 Au pôle Nord (latitude 90° N), le Soleil semble tourner en restant à la même hauteur* au cours de la journée. Il est visible pendant six mois, puis il disparaît pendant six autres mois. a. Vue extérieure ; b. Mouvement apparent du Soleil ; c. Hauteur du Soleil à midi ; d. Durée de la journée. Les points cardinaux n'ont pas été indiqués car ils n'ont aucun sens au pôle Nord.

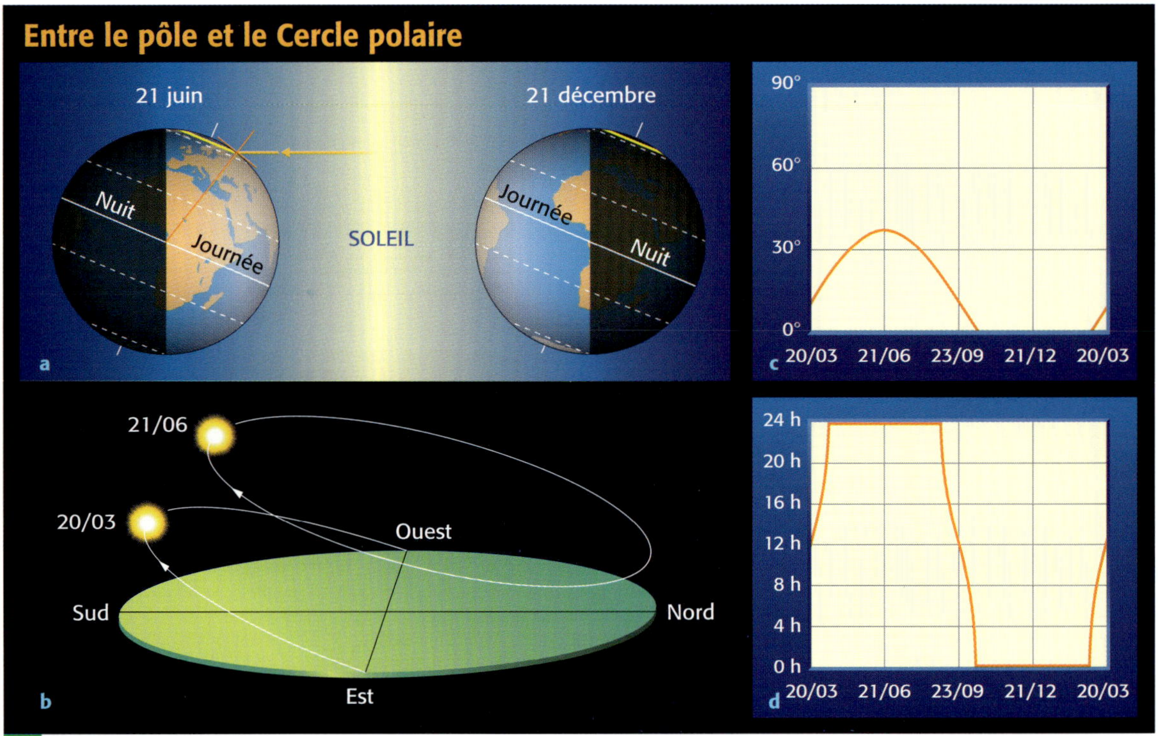

57 **Entre Pôle Nord et Cercle polaire, le Soleil ne se couche pas pendant plusieurs jours en été et ne se lève pas pendant plusieurs jours en hiver. (schéma pour 78° N). a. Vue extérieure ; b. Mouvement apparent du Soleil ; c. Hauteur du Soleil à midi ; d. Durée de la journée.**

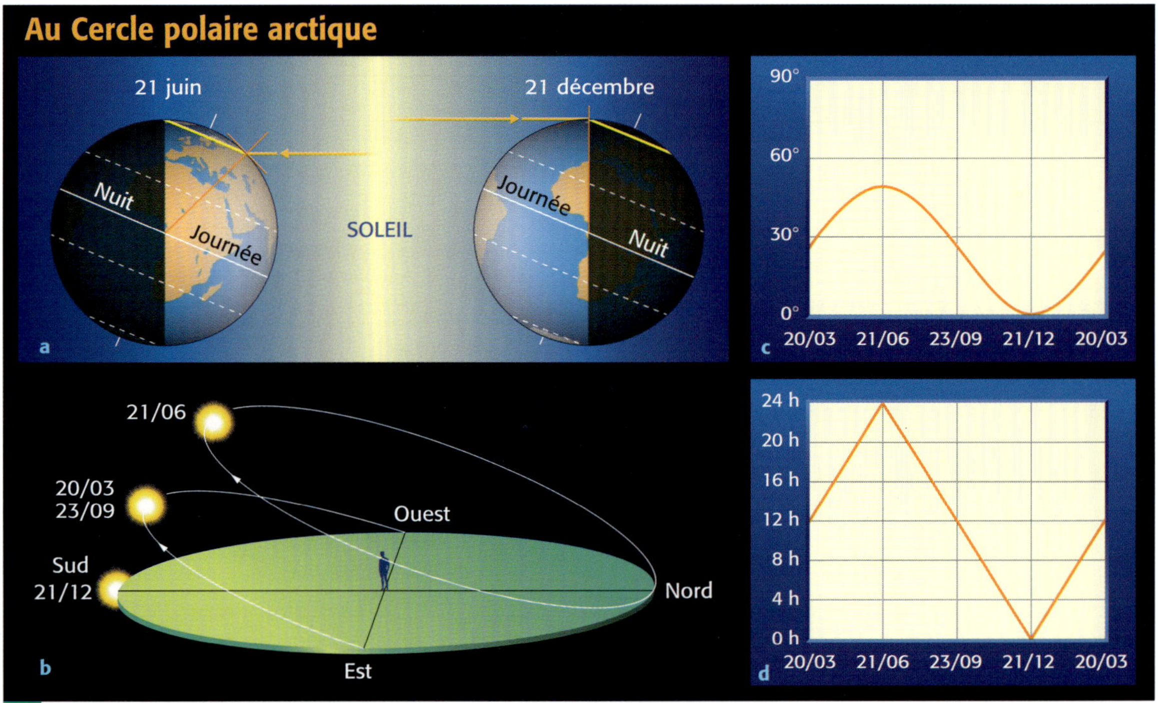

58 **Au Cercle polaire arctique (latitude 66° 34′ N), le 21 juin est théoriquement le seul jour où le Soleil ne se couche pas. a. Vue extérieure ; b. Mouvement apparent du Soleil ; c. Hauteur du Soleil à midi ; d. Durée de la journée.**

Entre le Cercle polaire et le tropique du Cancer

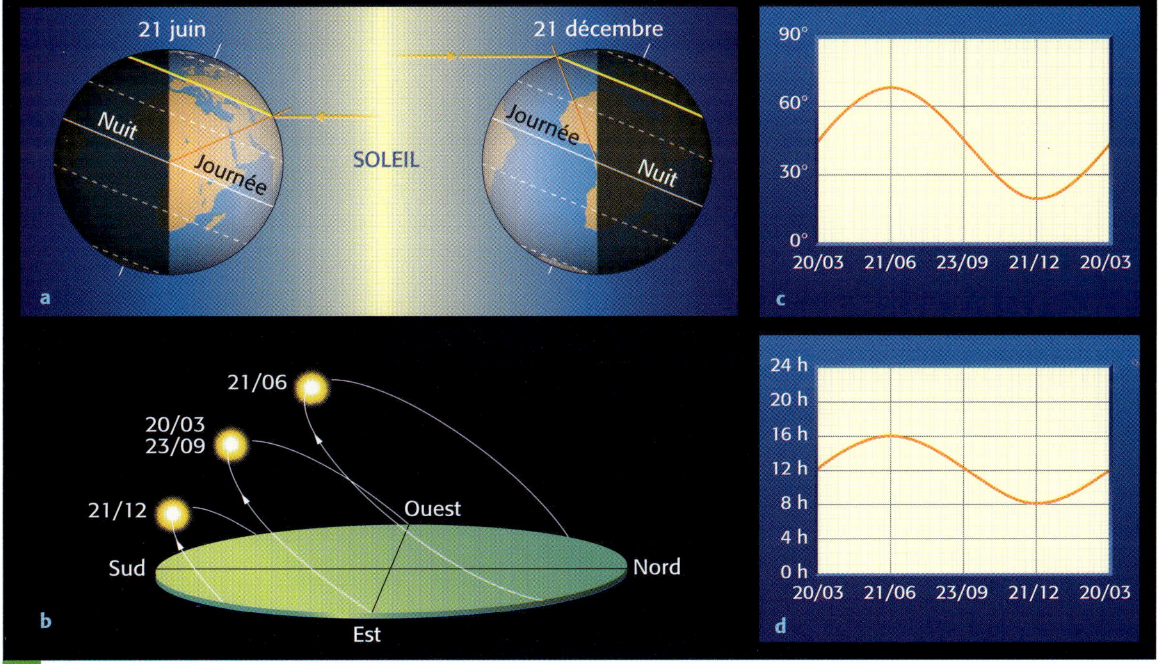

59 Entre Cercle polaire arctique et tropique du Cancer, le Soleil se couche chaque jour et ne passe jamais au zénith (schéma pour 47° N). a. Vue extérieure ; b. Mouvement apparent du Soleil ; c. Hauteur du Soleil à midi ; d. Durée de la journée.

Au tropique du Cancer

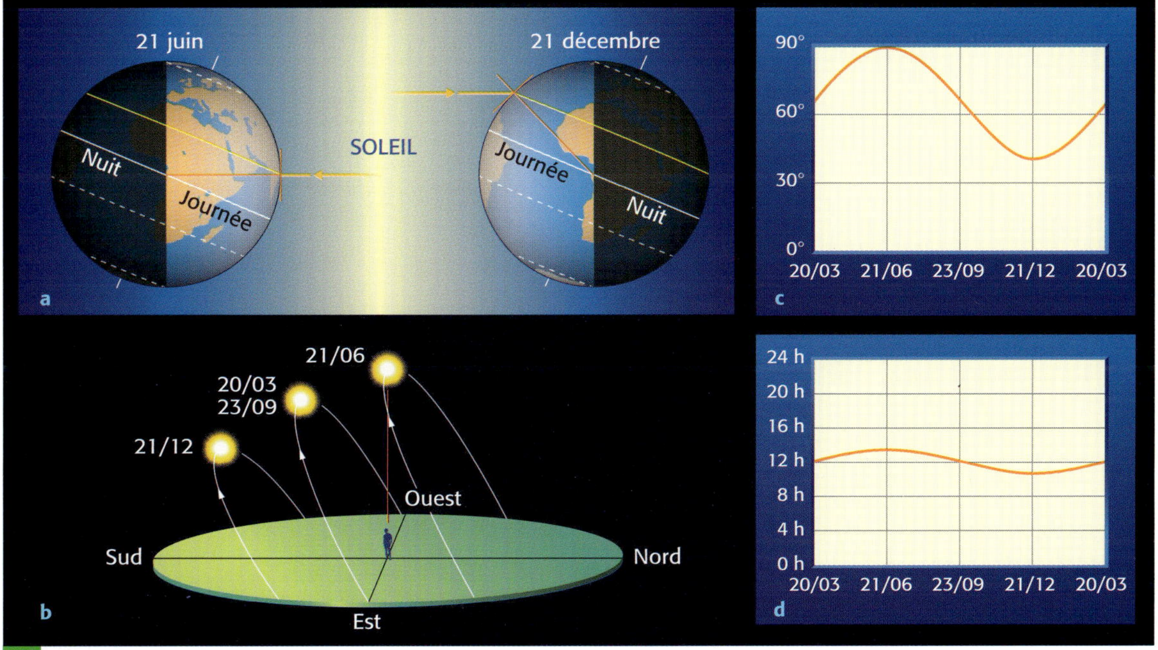

60 Au tropique du Cancer (latitude 23° 26′ N), le Soleil passe au zénith le jour du solstice d'été à midi. a. Vue extérieure ; b. Mouvement apparent du Soleil ; c. Hauteur du Soleil à midi ; d. Durée de la journée.

Entre le tropique du Cancer et l'équateur

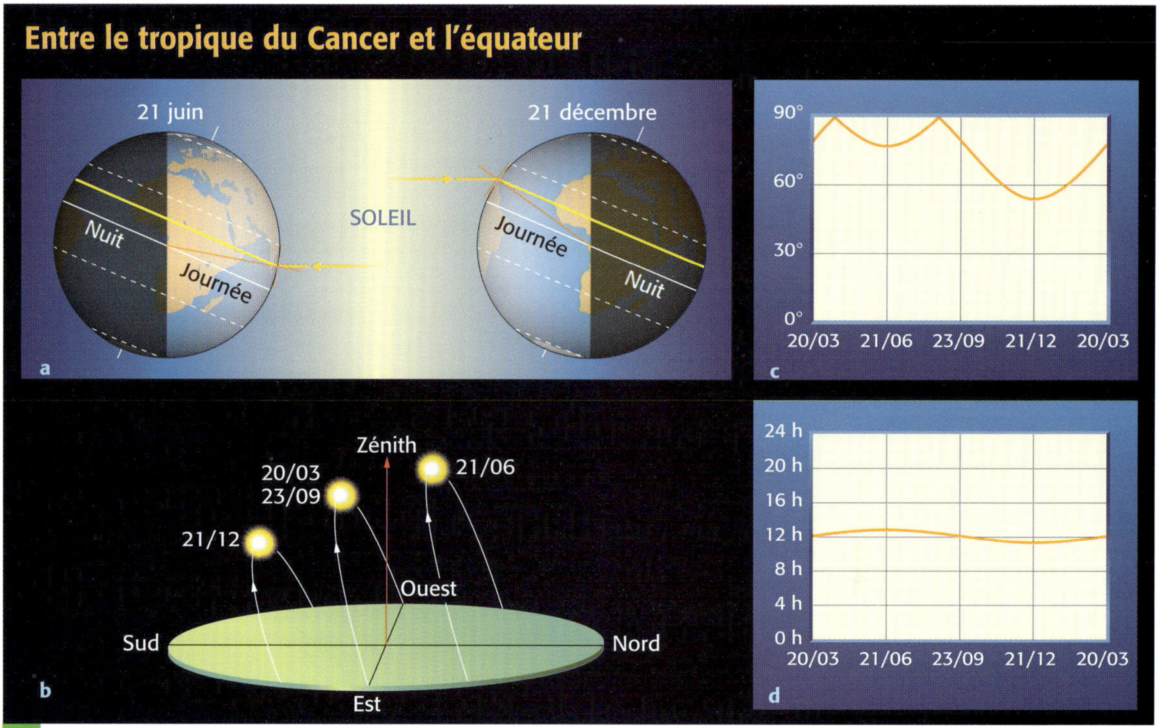

61 Entre le tropique du Cancer et l'équateur, le Soleil passe deux fois par an au zénith, une fois au printemps et l'autre en été (schéma pour 12° N). a. Vue extérieure ; b. Mouvement apparent du Soleil ; c. Hauteur du Soleil à midi ; d. Durée de la journée.

À l'équateur

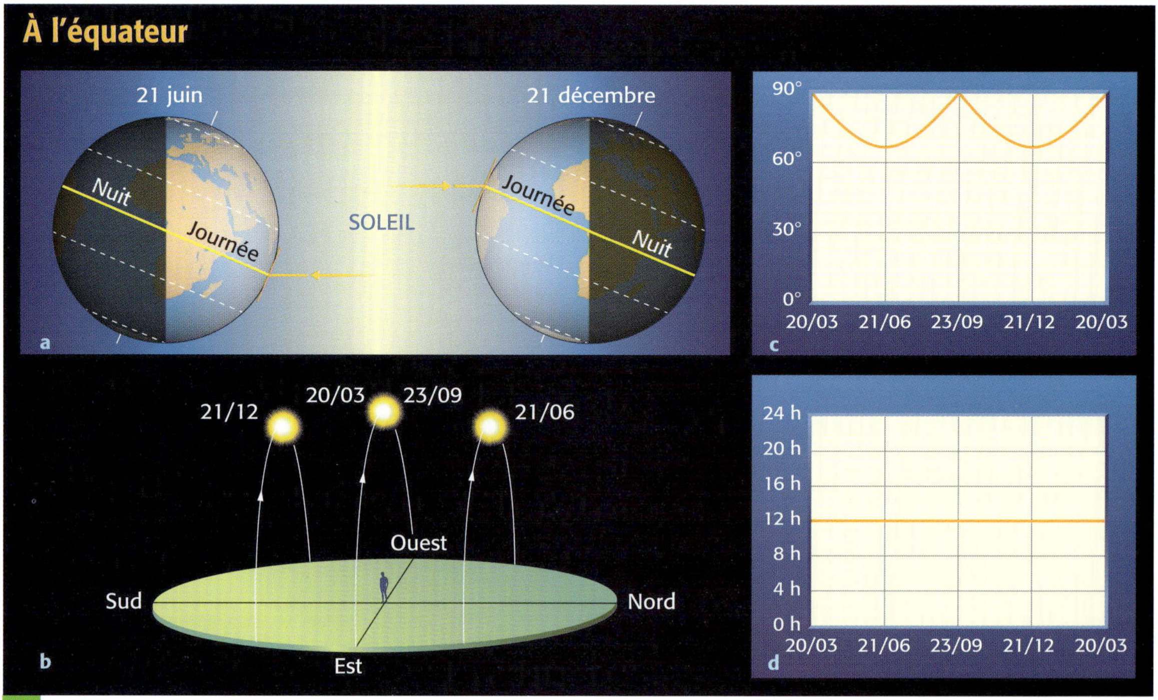

62 À l'équateur (latitude 0°), les journées et les nuits durent douze heures. Le Soleil passe au zénith aux équinoxes. a. Vue extérieure ; b. Mouvement apparent du Soleil ; c. Hauteur du Soleil à midi ; d. Durée de la journée.

Dans l'hémisphère sud

Pour l'hémisphère Sud, on retrouve des situations semblables. Le plan horizontal est toujours représenté par un disque centré sur l'observateur. On peut retrouver simplement les graphiques pour l'hémisphère sud en partant des schémas correspondants à la même latitude mais au nord et en les modifiant de la façon suivante :

- pour le mouvement apparent du Soleil, il suffit d'effectuer une symétrie par rapport au plan vertical est-ouest et d'échanger les dates (21/12 → 21/06 et 21/06 → 21/12);
- en ce qui concerne la durée de la journée et la hauteur du Soleil à midi, on transforme la courbe par symétrie par rapport à la droite du 23/09.

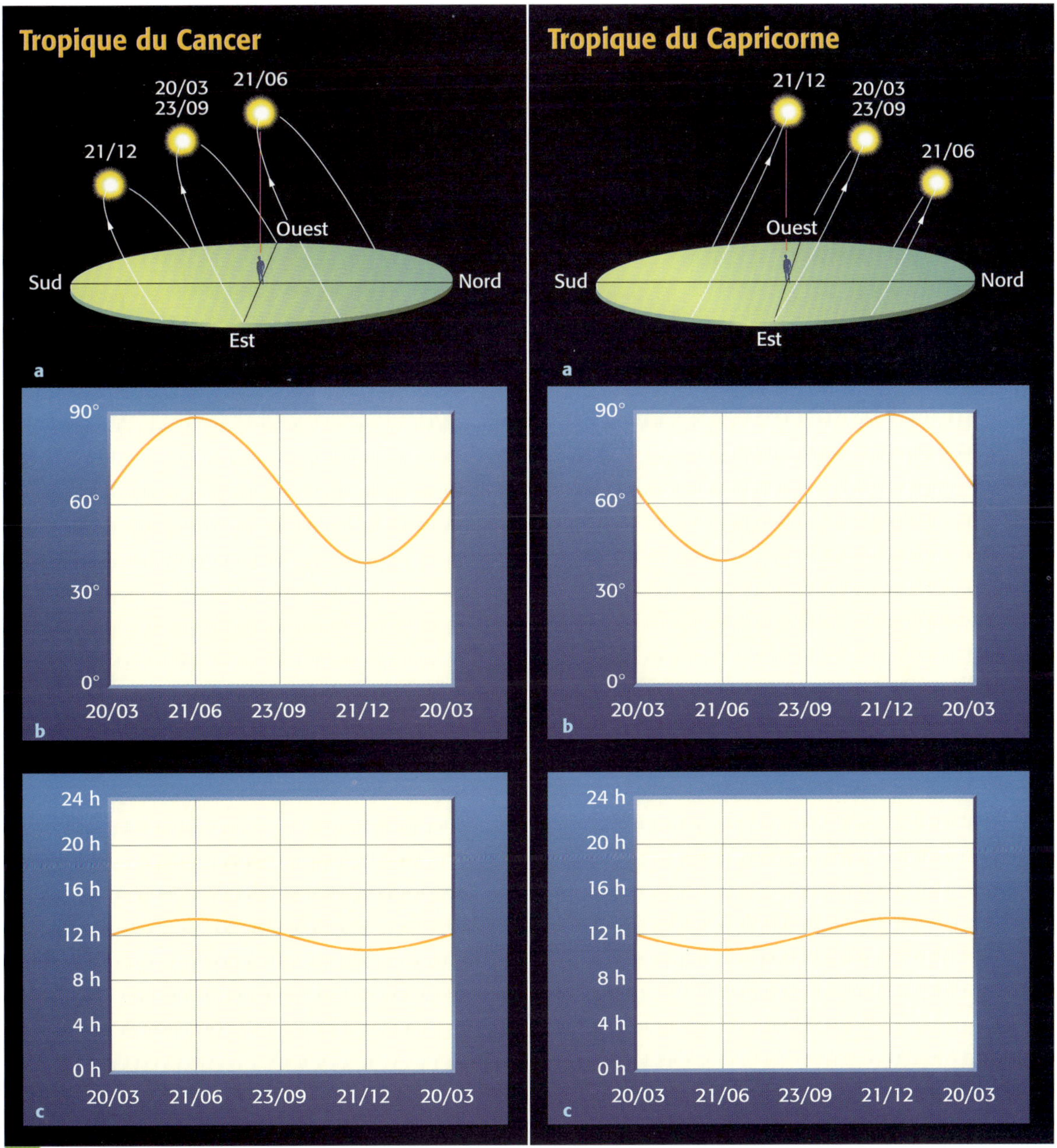

63 a. Mouvement apparent du Soleil; b. Hauteur du Soleil à midi; c. Durée de la journée.

Les relevés de température

Les graphiques qui suivent indiquent les températures mensuelles maximales en différents lieux de la planète. Sur ces relevés effectués pour des villes sous différentes latitudes, on peut vérifier que les températures les plus élevées correspondent à peu près aux moments où le Soleil est au plus haut et aux journées les plus longues, avec un léger retard (le temps que le sol se réchauffe). Ces relevés sont fonction de la latitude mais aussi de nombreux autres facteurs qui influent sur la température, comme l'altitude (voir Quito, fig. 66), la proximité d'une mer, de courants marins…

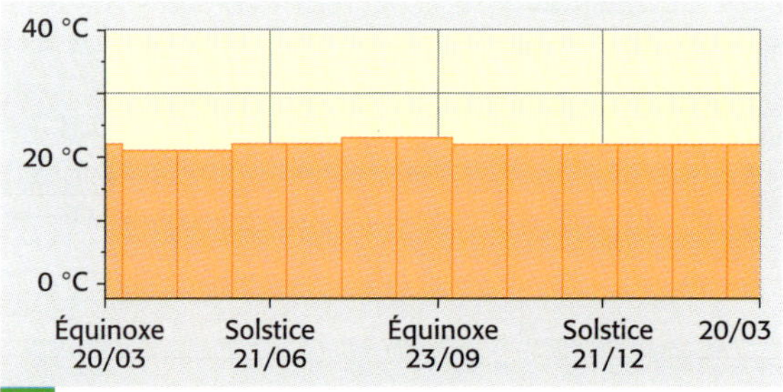

66 Quito, Équateur (0°). Des températures presque constantes tout au long de l'année, relativement fraîches à cause de l'altitude (2 850 m).

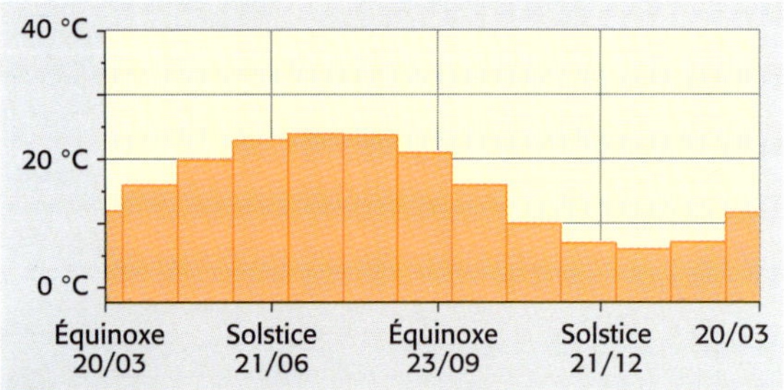

64 Paris (47° N). On trouve les journées les plus chaudes après le solstice d'été.

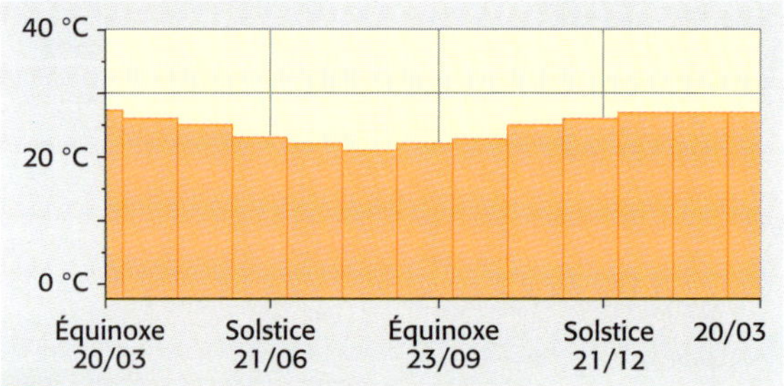

67 La Réunion (21° S). C'est en janvier, février et mars, l'été local, qu'il fait le plus chaud.

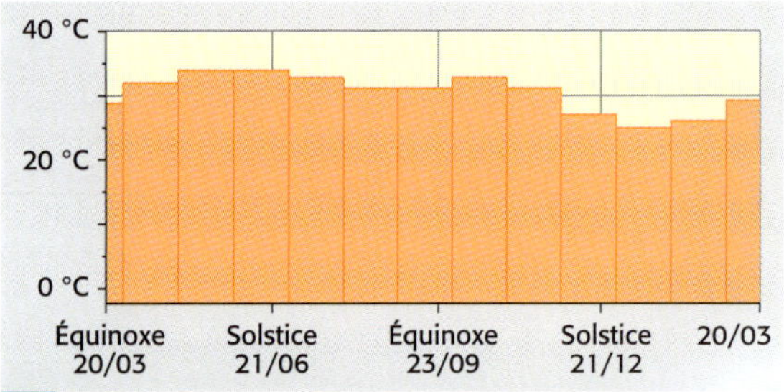

65 Karachi, Pakistan (25° N). Les températures varient peu. On remarque néanmoins un minimum après le solstice d'hiver.

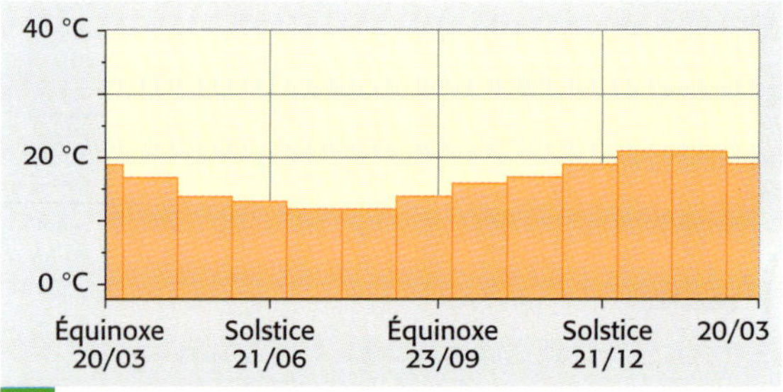

68 Nouvelle-Zélande (41° S). Ce graphique ressemble à celui de Paris, mais avec un décalage de 6 mois.

Étoiles et saisons

Ciel d'hiver, ciel d'été

La révolution de la Terre autour du Soleil fait que l'on ne voit pas les mêmes constellations aux différentes époques de l'année. Sur la figure 69, on a représenté la Terre à quatre dates différentes avec un personnage toujours situé à l'opposé du Soleil : c'est pour lui le milieu de la nuit. Il pourra observer la constellation d'Orion le 1er janvier et non le triangle d'été, qui sera bien visible en revanche en juillet (photos p. 16). Les échelles ne sont ici évidemment pas respectées. Si on représente la Terre à 2 cm du Soleil, il faudrait placer ces étoiles à plusieurs dizaines de kilomètres !

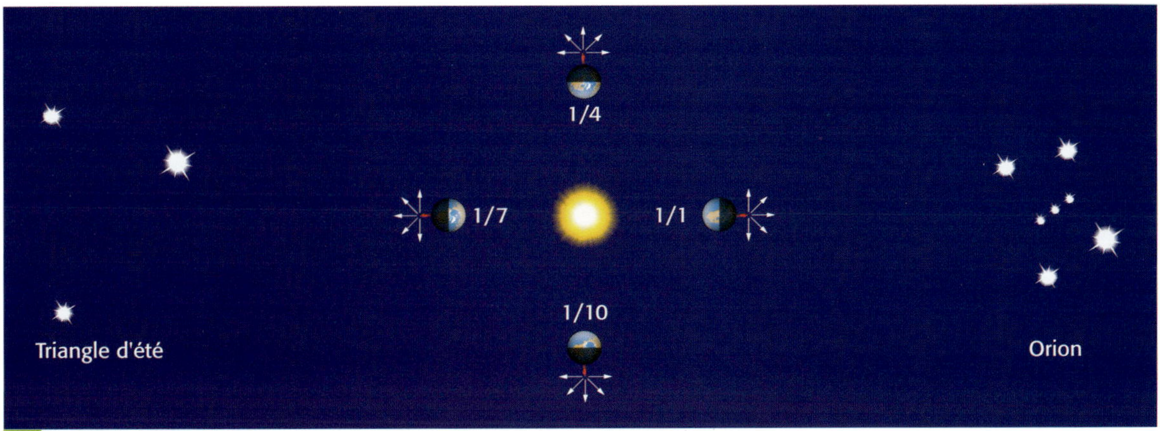

69 **Les constellations visibles la nuit diffèrent selon l'époque de l'année.**

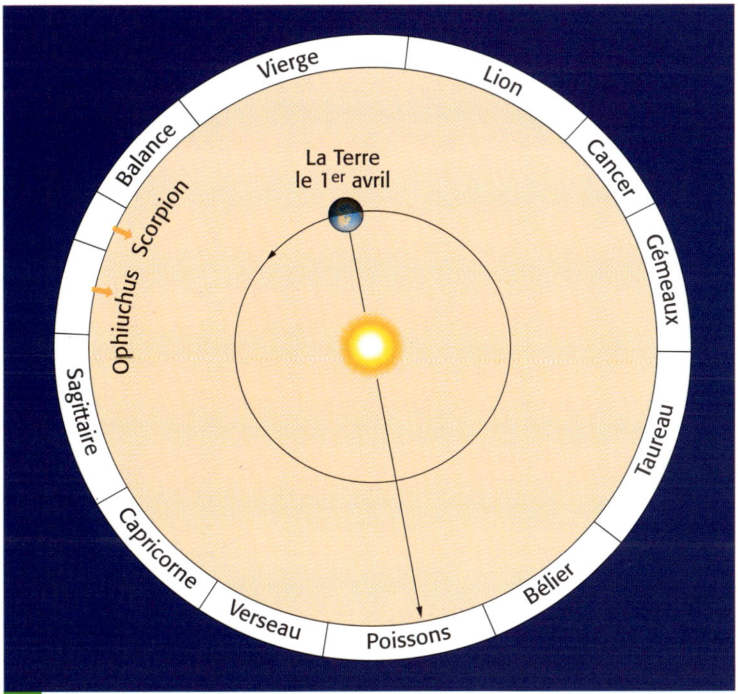

70 **Le 1er avril, le Soleil vu depuis la Terre est situé devant la constellation des Poissons.**

Les 13 constellations du zodiaque

Les constellations du zodiaque sont celles proches du plan de l'écliptique*. Comme toutes les planètes tournent autour du Soleil à peu près dans ce même plan, on observera toujours Mars, Jupiter ou Saturne devant l'une de ces constellations. Cela est aussi vrai pour le Soleil. Mais comment savoir devant quelle constellation celui-ci est placé puisqu'on ne voit pas les étoiles en plein jour ? Il faudra le déduire de l'observation nocturne. Depuis la Terre, on voit le Soleil parcourir l'écliptique en un an, en traversant les treize constellations du zodiaque. Mais on ne voit pas les étoiles en plein jour et c'est en observant les étoiles la nuit que l'on détermine dans quelle constellation est le Soleil : à nos latitudes, la constellation du zodiaque située à l'opposé du Soleil doit culminer à minuit* (heure solaire) plein sud, de la même manière que le Soleil est au plus haut à midi plein sud. Par exemple, le 1er avril, c'est la constellation de la Vierge que l'on peut observer à minuit au sud. On en déduit que le Soleil est situé à l'opposé, devant la constellation des Poissons.

On connaît souvent mieux les signes du zodiaque, attribués par les astrologues en fonction de la date de naissance, que les constellations du même nom. Ce sont pourtant deux notions bien distinctes :

– il y a 12 signes et 13 constellations. Le Serpentaire (ou Ophiuchus), la treizième constellation du zodiaque, n'est pas utilisée habituellement par les astrologues, sans doute parce qu'ils ont voulu garder 12 signes, comme les 12 mois de l'année ;

– les signes du zodiaque ont tous la même durée, alors que les constellations sont plus ou moins grandes. Ainsi, le Soleil reste 30 jours dans chacun des signes. Mais il passe 44 jours dans la constellation de la Vierge, 20 dans la constellation du Cancer et 10 dans celle du Scorpion ;

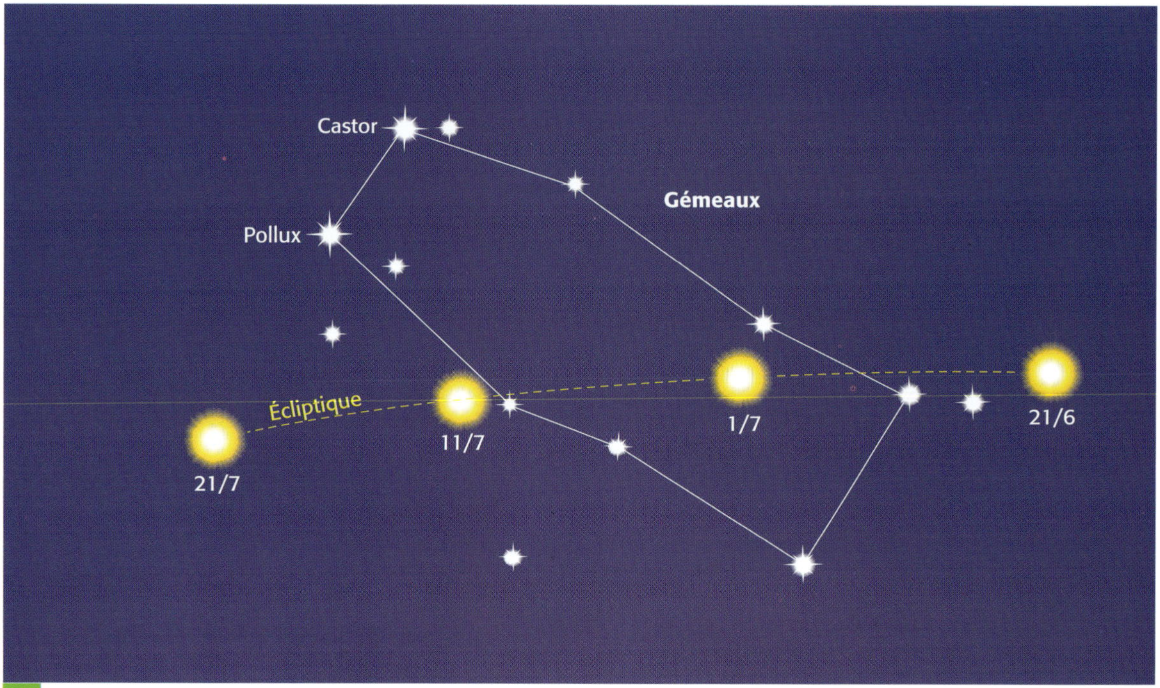

71 Le Soleil dans la constellation des Gémeaux. On imagine souvent les étoiles sur une sphère* céleste, même si elles sont à des distances toutes différentes. L'écliptique noté sur cette carte représente l'intersection du plan de l'orbite de la Terre avec cette sphère céleste.

– le signe du zodiaque que vous attribuent les astrologues correspond au signe dans lequel est le Soleil le jour de votre naissance. Mais les dates de passage du Soleil dans les constellations et dans les signes du zodiaque sont décalées en moyenne d'un mois. Ainsi le Soleil entre dans la constellation des Poissons aux alentours du 10 mars et dans le signe des Poissons le 19 février. Les signes ont été fixés il y a 2000 ans et à cette époque, ils correspondaient approximativement aux constellations. Mais, depuis, un phénomène appelé précession des équinoxes (voir p. 50) a tout déplacé. Le 1er avril, le Soleil est dans le signe du Bélier, mais dans la constellation des Poissons.

Les signes du zodiaque n'ont donc plus aucun rapport avec les étoiles. Historiquement, l'apparition de l'astrologie est tout à fait compréhensible. Il y 4000 ans, les Babyloniens observaient déjà les planètes se promener devant les constellations du zodiaque. Ne pouvant expliquer leurs étranges trajectoires, ils les ont considérées comme des dieux, ayant une influence sur les événements terrestres. Actuellement, astronomie et astrologie sont deux domaines totalement séparés.

Compléments

- **Mouvement apparent du Soleil sur l'écliptique : p. 49.**
- **Le phénomène de précession des équinoxes : p. 50.**

Pourquoi voit-on une constellation se lever chaque mois plus tôt ?

L'aspect du ciel se modifie au cours d'une nuit à cause de la rotation de la Terre sur elle-même. Mais il évolue aussi de jour en jour puisque la Terre tourne autour du Soleil.

Depuis un lieu donné, on observe le même ciel un mois plus tard et deux heures plus tôt. Ainsi la constellation d'Orion se lève en septembre vers 1 heure du matin, en octobre vers 23 heures, en novembre vers 21 heures… Les cartes du ciel tournantes utilisent cette particularité ; on les règle en fonction de la date et de l'heure pour savoir quelle partie du ciel est visible (fig. 73). Et le réglage est le même pour le 21 décembre à minuit, le 21 janvier à 22 heures ou le 21 février à 20 heures.

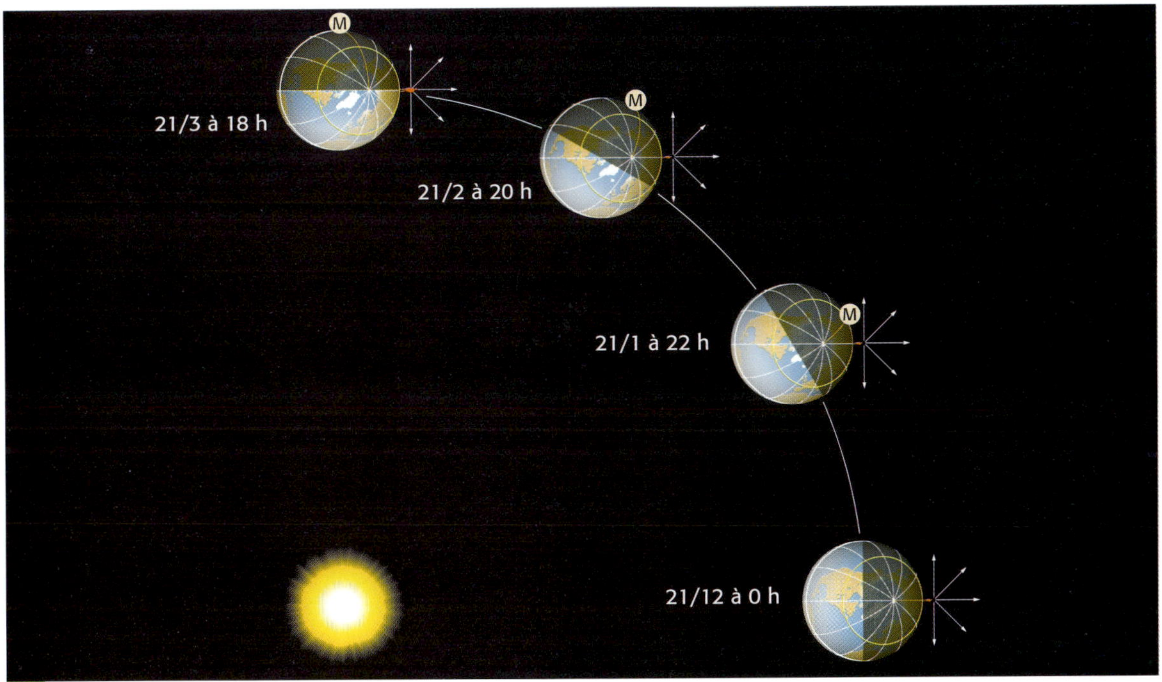

72 Un ciel différent selon la date. M : fuseau de minuit*, à l'opposé du Soleil. Les fuseaux* horaires ont été notés toutes les deux heures. La lettre M représente le fuseau de minuit, à l'opposé du Soleil. Le 21 décembre, le personnage est à l'opposé du Soleil ; il est donc minuit pour lui. Les flèches représentent le ciel qu'il peut observer. Le 21 janvier à 22 heures, il observe le même ciel ainsi que le 21 février à 20 heures ou le 21 mars à 18 heures, au coucher du Soleil.

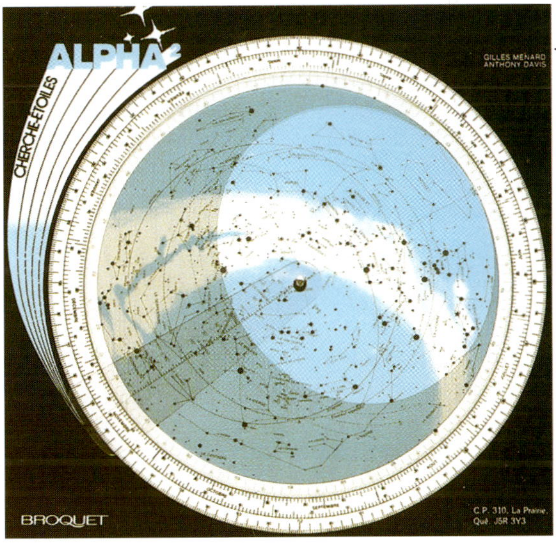

73 Carte tournante du ciel. Un disque transparent mobile avec une fenêtre ovale tourne au-dessus du dessin des constellations. La partie fixe est graduée en date et la partie mobile graduée en heure. Pour régler la carte, on place l'heure de l'observation en face de la date et l'on obtient à l'intérieur de la fenêtre la partie visible du ciel.

Conclusion

On peut comprendre les mouvements célestes et les saisons à partir des mouvements de la Terre.

• La rotation de la Terre sur elle-même en 24 heures explique le mouvement apparent du Soleil au cours de la journée, du lever au coucher, ainsi que la rotation apparente du ciel autour de l'étoile Polaire.

• Le mouvement de révolution de la Terre autour du Soleil peut être assimilé en première approximation à un mouvement circulaire uniforme. Il permet de comprendre pourquoi l'on voit des constellations différentes en hiver et en été.

• L'axe de rotation de la Terre est incliné par rapport au plan de son orbite et garde une direction fixe dans l'espace. C'est cette inclinaison qui est la cause des saisons : les variations de la direction du lever et du coucher du Soleil, de sa hauteur* au-dessus de l'horizon*, de la longueur de la journée*, et donc les variations de température lui sont imputables.

• Il fait plus chaud en été à nos latitudes, principalement parce que le Soleil monte plus haut dans le ciel, mais aussi parce que les journées sont plus longues.

• Tout peut se comprendre par des schémas sur le papier, mais on appréhende mieux le phénomène des saisons si on prend le temps d'observer soi-même les variations de hauteur du Soleil, de longueur de la journée ainsi que les modifications du ciel nocturne.

Quelques données complémentaires

Les modèles des chapitres précédents expliquent approximativement les observations. Mais en astronomie, rien n'est jamais simple et il y a toujours des précisions ou corrections que l'on peut apporter. Ce chapitre en présente quelques-unes.

L'orbite terrestre

Les lois de Kepler

Depuis l'époque grecque jusqu'à Kepler, les astronomes ont essayé de comprendre les trajectoires des astres en utilisant des mouvements circulaires à vitesse angulaire constante. Pour faire correspondre leurs théories avec les observations, ils ont dû inventer des mécanismes compliqués, faisant, par exemple, tourner les planètes sur des cercles, dont le centre lui-même se déplaçait sur un autre cercle. Ptolémée utilisait ainsi une cinquantaine de cercles et le modèle héliocentrique de Copernic, bien plus complexe que ce que l'on croit en général, en nécessitait encore 34.

Un des grands mérites de l'astronome allemand Johannes Kepler est d'avoir rompu avec le dogme du cercle. En utilisant les observations très précises de Tycho Brahe, il reconstitue les orbites de la Terre et de Mars et énonce ses deux premières lois en 1609. Ce sont elles qui nous intéressent ici.

Première loi de Kepler: les planètes décrivent des ellipses dont le Soleil (S) est un des foyers (fig. 74). Le point de la trajectoire (orbite) le plus proche du Soleil s'appelle le périhélie (P), le plus éloigné est l'aphélie (A).

Sur la figure 75, on a représenté par des cercles les orbites de la Terre et de Mars. À cette échelle, l'erreur faite en remplaçant l'ellipse par un cercle est inférieure au centième de millimètre pour l'orbite de la Terre ! En revanche, il ne faut pas placer le Soleil tout à fait au centre mais à une distance d'un tiers de millimètre. L'orbite de Mars est plus excentrée, ce qui donne ici une distance du Soleil au centre de l'orbite de 3 mm. On peut donc assimiler avec une très bonne approximation l'orbite de la Terre à un cercle légèrement excentré par rapport au Soleil.

Deuxième loi de Kepler: les aires balayées par le rayon vecteur (joignant le Soleil à la planète) en des temps égaux sont égales.

Sur le schéma 76, PS est plus petit que AS. Cela signifie que l'arc PE doit être plus grand que l'arc AF. En clair, la vitesse de la planète est plus grande en P, au périhélie. La vitesse de la Terre sur son orbite est en moyenne de 29,8 km/s. Elle varie de 29,3 km/s à l'aphélie, à 30,3 km/s au périhélie.

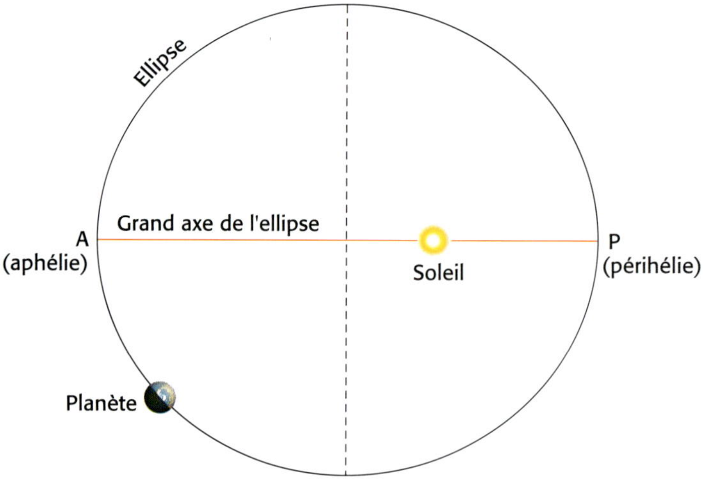

74 **Première loi de Kepler.** Un cercle vu en perspective donne l'image d'une ellipse. On la caractérise par son grand axe (PA) et son excentricité *e* (*e* vaut zéro pour un cercle et 1 pour une ellipse totalement aplatie).

Complément

- **Les ellipses : annexe 8, p. 108.**

75 **Les orbites de Mars et de la Terre autour du Soleil.**

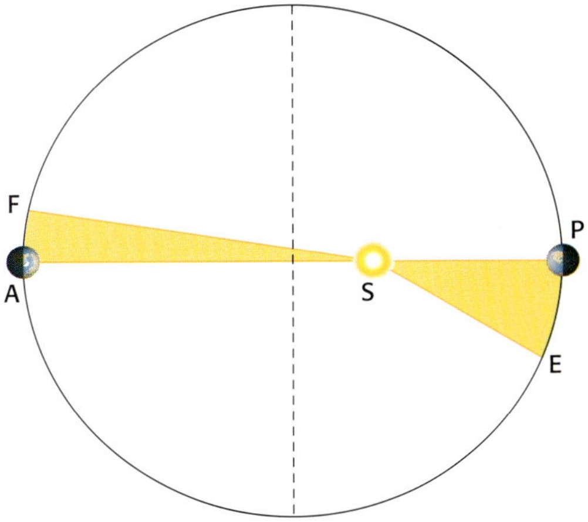

76 **Deuxième loi de Kepler.** Si les arcs PE et AF sont parcourus par la planète dans le même temps, les deux surfaces jaunes doivent avoir la même aire.

Conséquences des variations de la distance Terre-Soleil

La distance Terre-Soleil passe de 147 100 000 km au périhélie, vers le 4 janvier, à 152 100 000 km à l'aphélie, vers le 5 juillet, soit un écart de 5 000 000 km. Rappelons encore une fois que cette variation n'est absolument pas la cause des saisons, puisque nous sommes au plus près du Soleil dans les premiers jours de l'hiver (voir p. 29). On peut vérifier que l'on est plus près du Soleil en janvier et plus loin en juillet en mesurant précisément son diamètre apparent (voir p. 93) : on trouve 32,6' ou 0,54° au périhélie contre 31,2' ou 0,52° à l'aphélie.
Néanmoins, la variation de la distance Terre-Soleil a des conséquences sur les saisons : globalement, la Terre reçoit du Soleil 7 % d'énergie de plus au périhélie qu'à l'aphélie. Or, le passage au périhélie a lieu en janvier, nous sommes donc au plus près du Soleil pendant l'hiver de l'hémisphère nord. Ce qui nous apporte un peu plus d'énergie et rend nos hivers plus doux. En été, en revanche, nous sommes plus éloignés du Soleil et les étés sont moins chauds. Le contraste entre l'hiver et l'été est donc moins marqué dans l'hémisphère nord que si l'orbite de la Terre était circulaire.
Pour l'hémisphère sud, le passage au périhélie a lieu pendant la saison chaude en janvier. Il y fait donc encore plus chaud. On passe à l'aphélie pendant la saison froide en juillet, qui est encore plus froide. Le contraste été/hiver est donc plus important dans l'hémisphère sud que dans l'hémisphère nord. Cela est cependant atténué par la grande surface qu'occupent les océans dans l'hémisphère sud. Les océans sont en effet lents à se réchauffer en été et également lents à se refroidir en hiver.

Complément

- **Mesure du diamètre apparent du Soleil : voir p. 93.**

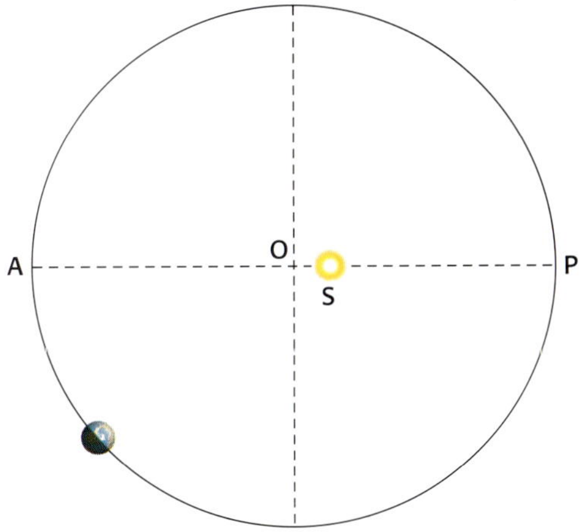

77 **L'orbite de la Terre.** O : centre de l'ellipse ; AP : grand axe de l'ellipse ; OA ou OP : demi-grand axe (noté *a*). OA = OP = 149 600 000 km. OS = 2 500 000 km (noté *c*). On appelle excentricité le rapport $e = c/a$. Pour la Terre, on a $e = 0{,}016\ 7$. Sur cette figure, l'excentricité est exagérée puisque, à cette échelle, OS devrait mesurer un demi-millimètre.

Des saisons de durées inégales

Le solstice d'hiver est, nous l'avons vu, lié à l'inclinaison de l'axe de la Terre, et le passage au périhélie est dû à la forme elliptique de l'orbite terrestre. Les deux phénomènes n'ont donc aucun lien. Il se trouve qu'actuellement ils ont lieu dans une même période, le passage au périhélie suivant le solstice d'hiver d'une douzaine de jours (fig. 78).

Le Soleil n'est pas exactement au centre de l'orbite terrestre. Sur le schéma ci-dessous, la partie de la trajectoire de A à B est donc plus courte que de C à D. On sait aussi, d'après la deuxième loi de Kepler, que la vitesse de la Terre est plus grande au périhélie qu'à l'aphélie*. L'arc AB est donc plus court et est parcouru plus rapidement que l'arc CD. Dans l'hémisphère nord, l'hiver dure ainsi moins longtemps que l'été.

La durée des saisons dans l'hémisphère nord est la suivante : 89 jours en hiver ; 92 jours 18 heures au printemps ; 93 jours 16 heures en été ; 89 jours 20 heures en automne. Il est facile de vérifier ce calcul avec un calendrier donnant les heures précises des solstices et des équinoxes. On obtient toujours ces mêmes valeurs à moins d'une heure près.

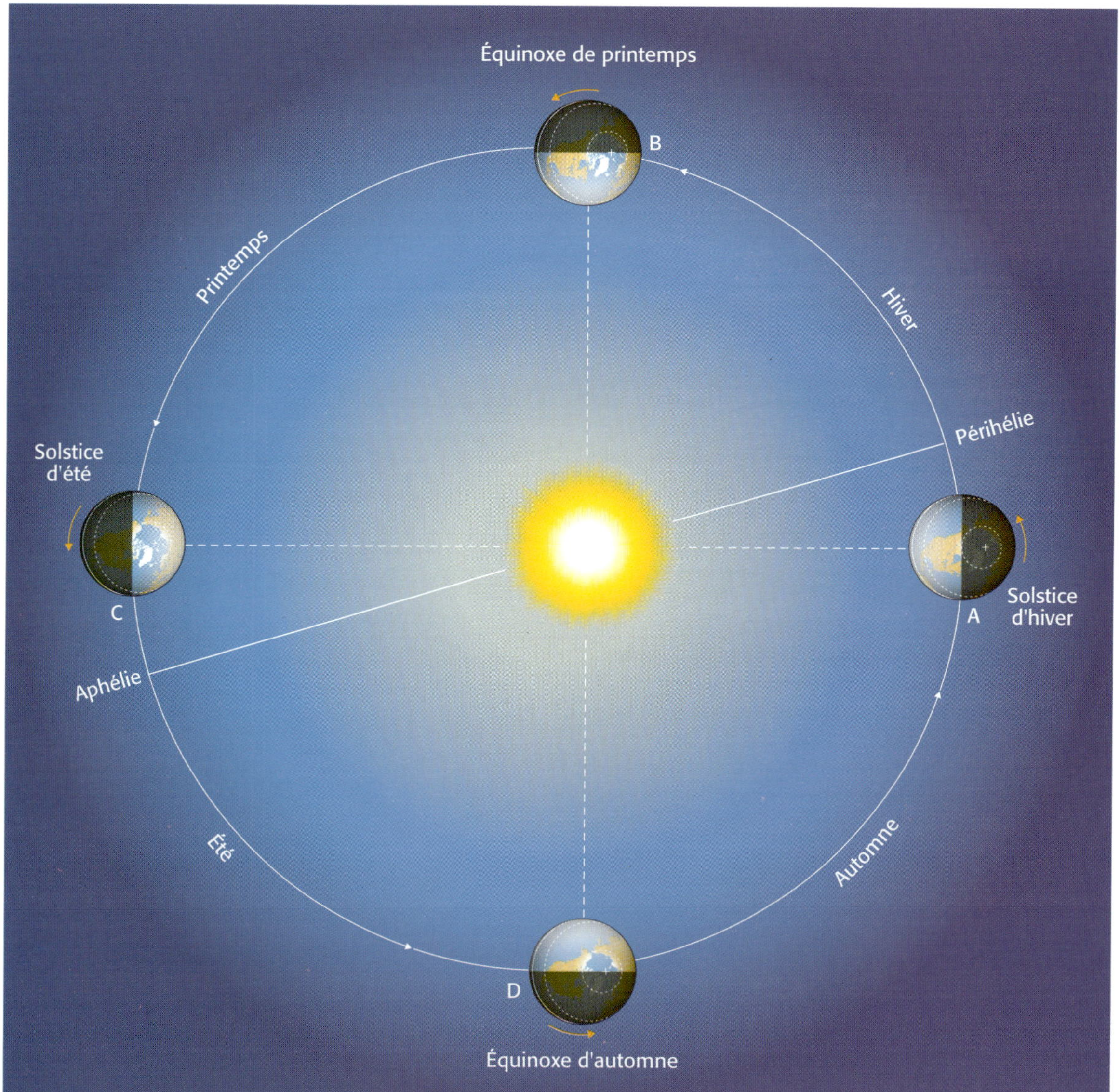

78 **L'orbite terrestre et les saisons.**

Le mouvement apparent du Soleil sur l'écliptique

Vu depuis la Terre, le Soleil semble se déplacer devant les constellations du zodiaque sur l'écliptique* (voir figure page 43). Sa vitesse moyenne est de 360° par an, soit 0,986° par jour.

Nous savons maintenant que la vitesse de la Terre sur sa trajectoire varie, ainsi que sa distance au Soleil. La vitesse apparente du Soleil sur l'écliptique doit donc aussi changer. Elle passe de 1,019° par jour début janvier à 0,953° par jour début juillet.

Sur la figure 79, le Soleil est représenté tous les 30 jours sur l'écliptique à partir du 20 mars. L'observateur terrestre est au centre. En regardant attentivement, on peut s'apercevoir que l'arc décrit par le Soleil en juin ou en juillet est moins important qu'en décembre ou en janvier. Il mesure 28,6° contre 30,6° en hiver. La différence n'est que de 2°.

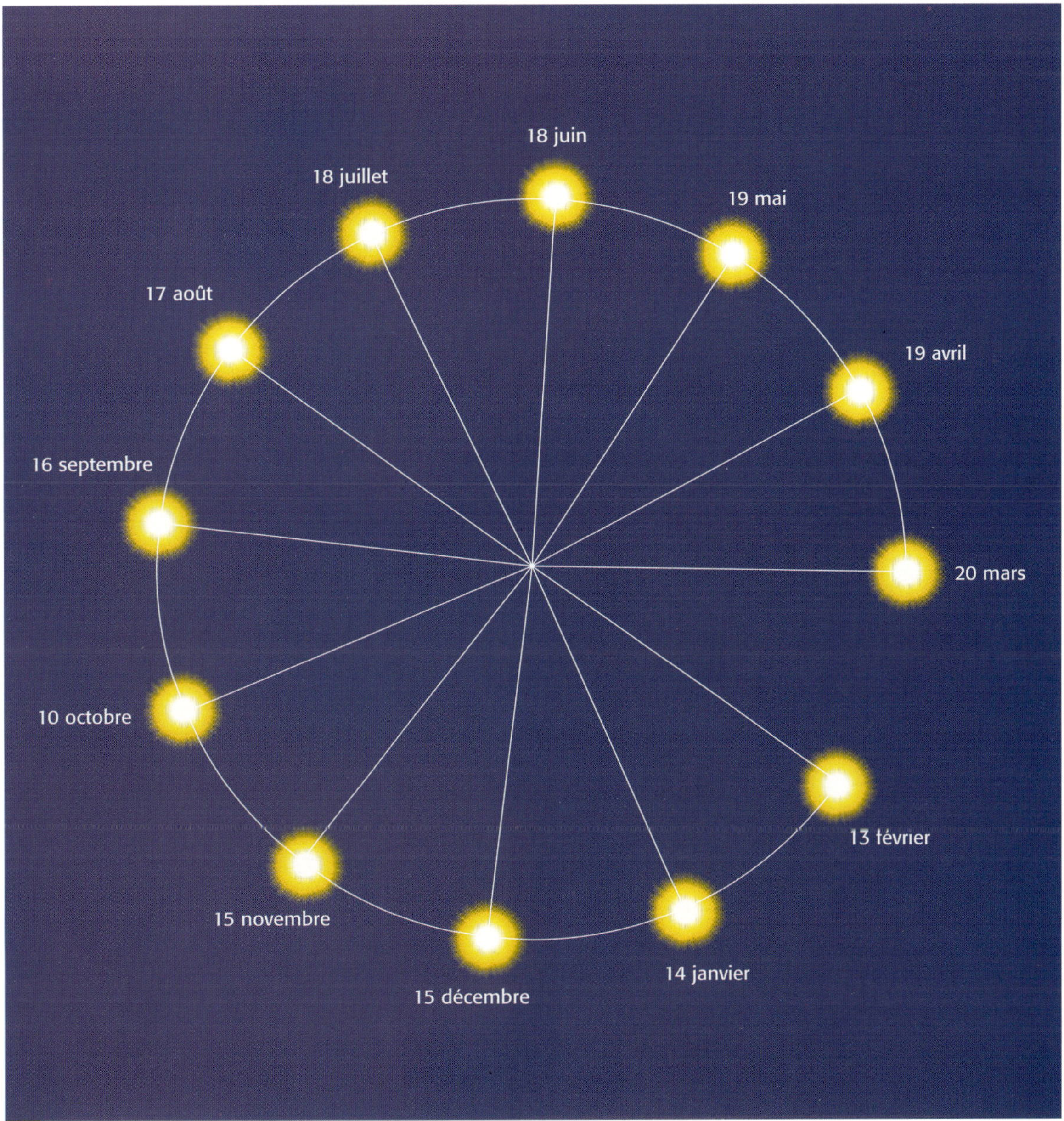

79 **Le mouvement apparent annuel du Soleil sur l'écliptique.**

L'axe de la Terre

La précession des équinoxes

La Terre tourne sur elle-même en un jour et autour du Soleil en un an ; jusqu'ici on a considéré que son axe de rotation gardait une direction fixe dans l'espace. Cela serait exact si la Terre était parfaitement sphérique.

Mais elle est enflée à l'équateur et aplatie aux pôles. L'attraction du Soleil et de la Lune sur le bourrelet équatorial tend à ramener le plan de l'équateur sur celui de l'écliptique. La rotation de la Terre transforme cet effet en un déplacement de son axe : celui-ci décrit dans l'espace un cône en 26 000 ans (fig. 80). C'est le phénomène dit de précession des équinoxes.

L'axe de la Terre est affecté également d'autres petites oscillations appelées nutations, de faible amplitude (voir plus bas).

Les conséquences de la précession sont multiples :

• Au cours d'une nuit, l'étoile Polaire garde à peu près la même position dans le ciel parce qu'elle est située dans le prolongement de l'axe de la Terre. Comme cet axe se déplace, il pointera différentes étoiles au cours des siècles. Ainsi, il y a 5 000 ans, c'est l'étoile alpha du Dragon qui était Polaire. Dans 12 000 ans, ce sera Véga.

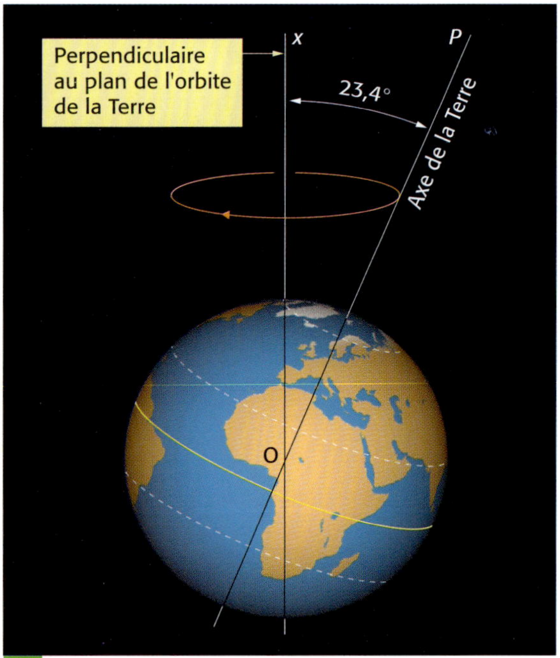

80 **Mouvement de précession des équinoxes.** (O*x*) est perpendiculaire au plan de l'écliptique. L'axe de la Terre (O*p*) décrit un cône autour de (O*x*), l'angle des deux axes restant pratiquement constant. C'est le mouvement de précession luni-solaire.

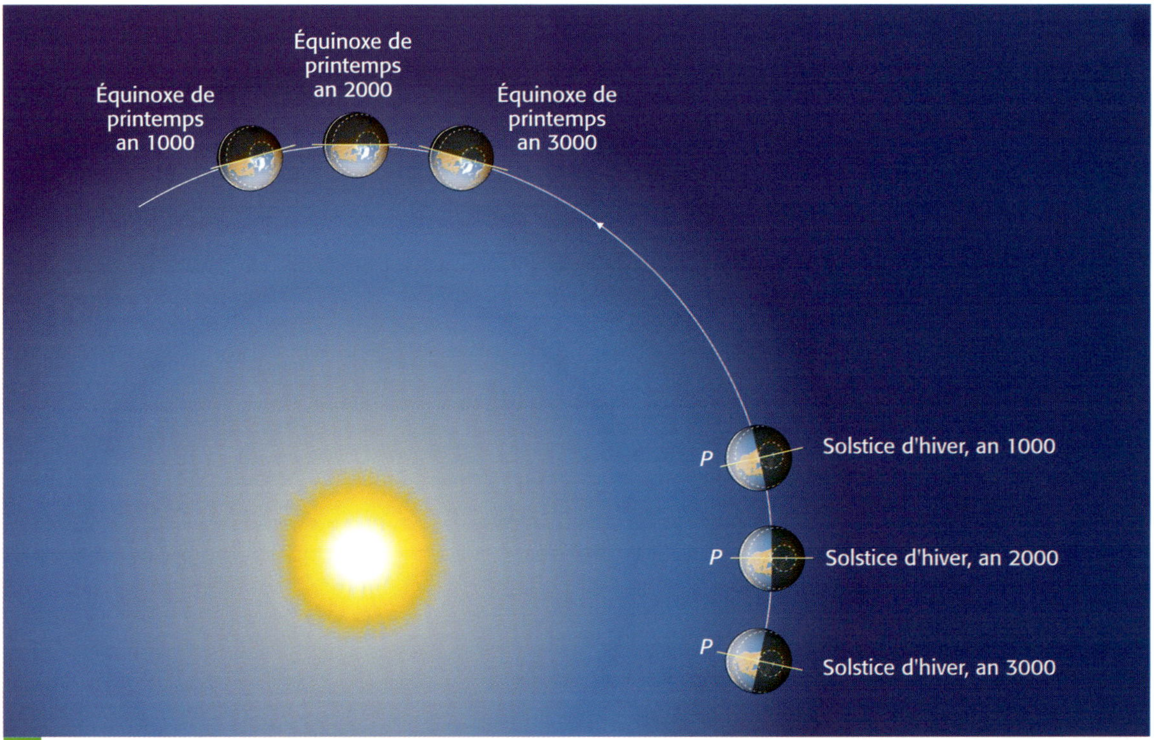

81 **Différentes positions de la Terre à 1 000 ans d'intervalle** (en vue de « haut ») au solstice d'hiver et à l'équinoxe de printemps. Le plan P contenant l'axe de la Terre et perpendiculaire au plan de l'écliptique (voir fig. 49, p. 32) est vu de haut également.

• Les solstices et équinoxes sont définis à partir de la position de l'axe de la Terre. Puisque celui-ci n'a pas une direction tout à fait fixe, les saisons doivent se décaler.
Le mouvement de précession fait tourner le plan contenant l'axe de la Terre et perpendiculaire au plan de l'écliptique d'un tour en 26 000 ans, soit environ 14° en 1 000 ans ou encore 50" par an (plan P, fig. 81). En l'an 1000, le solstice d'hiver a eu lieu lorsque ce plan passait par le Soleil. 1 000 ans plus tard, il a tourné de 14° et le solstice se produit plus tôt sur l'orbite de la Terre. De la même manière, l'équinoxe de printemps se décale par rapport aux étoiles. D'où le nom de précession des équinoxes. La Terre était située entre le Soleil et la constellation de la Vierge à l'équinoxe de printemps de l'an 2000, elle sera entre le Soleil et la constellation du Lion à l'équinoxe de printemps de l'an 3000.

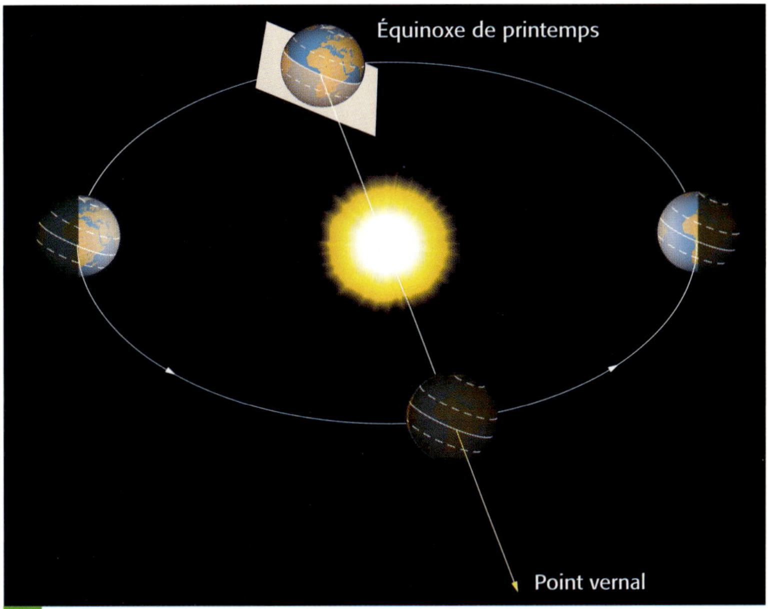

82 Le point vernal est défini par la position du Soleil à l'équinoxe de printemps. Il fait partie du plan de l'écliptique* mais aussi du plan de l'équateur (représenté en ocre). Sur les cartes du ciel, on le trouve donc à l'intersection de l'équateur et de l'écliptique.

• De ce fait, l'année des saisons ou année tropique (intervalle de temps entre deux équinoxes de printemps) est plus courte de 20 minutes que la durée de révolution de la Terre par rapport aux étoiles, appelée année sidérale. La durée de l'année sidérale est de 365,256 jours, tandis que la durée moyenne de l'année tropique est de 365,242 jours.
• Les signes du zodiaque (voir p. 43) sont décalés par rapport aux constellations. En effet, les signes sont liés aux saisons – le Soleil entre dans le signe du Bélier au début du printemps par exemple – donc les signes avancent chaque année de 20 minutes par rapport aux étoiles. Il y a 2000 ans, lorsqu'ils ont été fixés, ils correspondaient à peu près aux constellations dont ils portent les noms. Actuellement, lorsque le Soleil est dans le signe du Taureau, il est observé dans la constellation du Bélier.
• Un lieu à la surface de la Terre est repéré par sa latitude* et sa longitude*, la latitude étant mesurée par rapport à l'équateur. On peut repérer de la même manière un astre dans le ciel. La longitude d'un astre est appelée ascension droite. Comme les géographes, qui ont fixé l'origine des longitudes au méridien* de Greenwich, les astronomes ont dû définir un point origine, le point vernal. Il s'agit de la position du centre du Soleil sur la sphère* céleste à l'équinoxe de printemps (fig. 82).

Or si l'équinoxe se déplace, le point vernal aussi. Ce qui est bien gênant puisque c'est l'origine du repérage des étoiles. Un peu comme si Greenwich se déplaçait à la surface de la Terre… Lorsque l'on donne des coordonnées d'étoiles, on doit donc préciser si c'est en coordonnées de l'année 1900 ou 2000.
Le point vernal est représenté par la lettre grecque γ, qui est aussi le symbole du Bélier. Il est actuellement dans la constellation des Poissons. Mais il était bien dans la constellation du Bélier il y a 2 000 ans. Et il passera dans la constellation du Verseau dans environ six siècles.

Complément

• **Coordonnées d'un astre : annexe 4, p. 103.**

Les variations de l'obliquité

L'angle que fait le plan de l'équateur avec le plan de l'orbite de la Terre (plan de l'écliptique*) est actuellement de 23° 26'. C'est ce que l'on nomme l'obliquité de l'écliptique (fig. 83). On a considéré en première approximation que cet angle était fixe. En réalité, il varie légèrement au cours du temps, de 22° à 24° 30' avec une périodicité d'environ 41 000 ans. Deux raisons expliquent ces variations : la précession planétaire et la nutation luni-solaire.

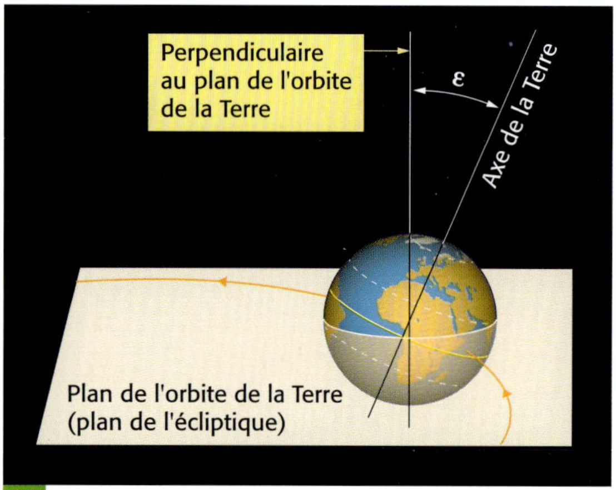

83 **L'obliquité de l'écliptique** ε**.** C'est l'angle formé par le plan de l'équateur avec le plan de l'écliptique ou l'angle entre l'axe de la Terre et la perpendiculaire au plan de l'écliptique.

• ***La précession planétaire.*** L'attraction gravitationnelle des planètes sur la Terre modifie légèrement la position du plan de l'écliptique par rapport aux étoiles, ce qui fait varier ε. C'est la précession planétaire. Actuellement, ε diminue de 0,47" par an.

• ***La nutation luni-solaire.*** La Terre n'est pas sphérique mais aplatie aux pôles. L'attraction de la Lune et du Soleil sur le bourrelet équatorial modifie l'orientation de son axe. C'est ce phénomène, à l'origine de la précession des équinoxes, qui fait décrire un cône à l'axe de la Terre. Cette attraction est aussi responsable d'autres petites irrégularités de courtes périodes, qu'on regroupe sous le terme de nutation luni-solaire. L'amplitude maximale est de 17" et la composante principale a une période de 18,6 ans.

Année tropique et année civile

On dit souvent que la Terre fait le tour du Soleil en 365 jours 1/4. C'est en réalité un peu plus, 365,2564 jours, par rapport aux étoiles et un peu moins, 365,242 2 jours, pour l'année des saisons ou année tropique (toujours en raison de la précession des équinoxes). Un bon calendrier doit suivre les saisons et donner une durée moyenne de l'année la plus proche de 365,242 2 jours.

• Le calendrier julien, conçu par l'astronome Sosigène, à la demande de Jules César, utilisait une année de 365 jours habituellement avec une année bissextile de 366 jours tous les 4 ans. Ce qui fait une moyenne de 365,25 jours, soit 0,007 8 jour d'écart avec l'année tropique. C'est peu sur un an mais cela fait près de 8 jours en 1 000 ans et ce décalage par rapport aux saisons devient gênant.

• Le calendrier grégorien, de Grégoire XIII, utilisé à partir de 1582, supprime 3 années bissextiles tous les 400 ans. Auparavant toutes les années divisibles par 4 étaient bissextiles. On supprima les années séculaires (se terminant par 00) non divisibles par 400. Ainsi 1700, 1800, 1900 n'ont pas été bissextiles, 2000 l'a été, 2100, 2200, 2300 ne le seront pas, 2400 le sera…

Ainsi, si l'on compte le nombre de jours en 400 ans comportant 100 années bissextiles du calendrier julien moins trois années bissextiles supprimées, on trouve :

$400 \times 365\ j + 100 \times 1\ j - 3 \times 1\ j = 146\,097\ J.$

La durée moyenne de l'année du calendrier grégorien est donc égale à :

$146\,097\ J/400 = 365\ j + 1\ j/4 - 3\ j/400 = 365{,}2425$ jours.

L'écart avec l'année tropique de 365,242 2 j n'est plus que de 0,000 3 j, ce qui correspond à une erreur largement acceptable d'un jour en 3 000 ans.

• Si vous vous amusez à calculer avec un calendrier ou avec le tableau de la page 33 la durée de l'année tropique sur quelques années, vous constatez qu'elle n'est pas constante. À cela, deux raisons principales : la nutation, cette oscillation périodique de l'axe de la Terre qui déplace légèrement les solstices et les équinoxes ; ensuite, parce que c'est le centre de gravité Terre-Lune qui se déplace autour du Soleil en suivant les lois de Kepler : en fonction de la position de la Lune, la Terre sera soit en avance, soit en retard, ce qui modifiera d'autant la durée de l'année tropique.

Valeur de ε à l'époque d'Hipparque (IIe siècle avant notre ère)	23° 43′
Mesure de ε par al-Battani (astronome arabe du IXe siècle)	23° 35′
Valeur de l'obliquité en 1900	23° 27′ 08″
Valeur de l'obliquité en 2000	23° 26′ 21″

84 **Quelques valeurs de l'obliquité au cours des siècles.**

Les durées du jour et de la journée

La réfraction atmosphérique

Le phénomène dit de réfraction atmosphérique influe sur la durée de la journée. Rappelons que la lumière ne se propage en ligne droite que dans un milieu homogène. En revanche, quand elle passe de l'air à l'eau ou du vide à l'air par exemple, sa trajectoire est déviée : c'est la réfraction (fig. 85). De même, les rayons lumineux en provenance du Soleil sont déviés en passant du quasi-vide à la haute atmosphère, puis d'une couche d'atmosphère peu dense à une couche plus dense, etc. L'importance de la déviation dépend de l'angle d'incidence (fig. 87). Le Soleil a un diamètre apparent d'environ un demi-degré (soit 32'). D'après les données du tableau 86, lorsqu'on le voit se lever, il est en réalité 37' plus bas sous l'horizon. De même, le soir, on l'observe à son coucher*, alors qu'il est déjà passé sous l'horizon. La réfraction avance ainsi le lever de Soleil d'environ quatre minutes et retarde son coucher d'autant (ce temps dépend de l'angle du lever ou du coucher avec l'horizon et de la déclinaison du Soleil, donc de la latitude* et de la date).

Aux équinoxes, la durée de la journée* est augmentée d'environ 7 minutes en raison de la réfraction atmosphérique et la durée de la nuit est diminuée d'autant. La journée est ainsi plus longue que la nuit d'un quart d'heure. Il faudrait supprimer l'atmosphère pour obtenir, aux équinoxes, une durée de la journée égale à la durée de la nuit (ces durées sont calculées entre le lever et le coucher du centre du Soleil avec un horizon parfaitement dégagé).

Un exemple, à l'équinoxe de printemps du 20 mars 2000 :

Lever du Soleil à Dijon : 6 h 44 min ; Coucher : 18 h 51 min (heures légales)

Durée de la journée : 12 h 07 min ; Durée de la nuit : 11 h 53 min

C'est deux jours plus tôt, le 18 mars, que la journée et la nuit ont duré chacune 12 heures.

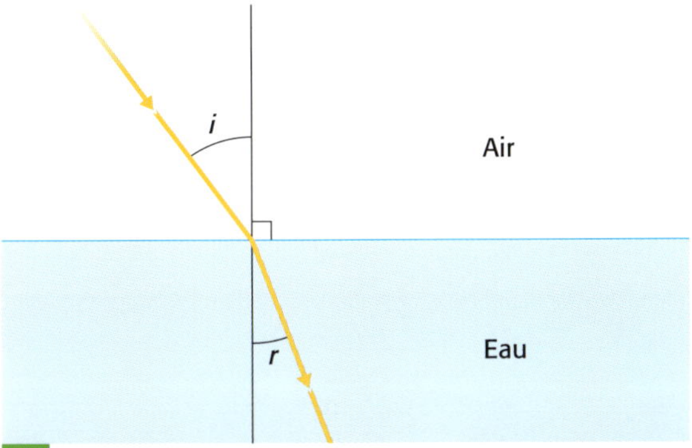

85 Un rayon lumineux qui change de milieu, en passant de l'air à l'eau, par exemple, est dévié. *i* : angle d'incidence ; *r* : angle de réfraction ; la déviation est la différence *i* – *r*.

Hauteur	90°	45°	11°	5°	0°	-1°
Angle de déviation	0′	1′	5′	10′	37′	56′

86 Angle de déviation en minute d'arc (1/60 de degré) en fonction de la hauteur observée de l'astre au-dessus de l'horizon*.

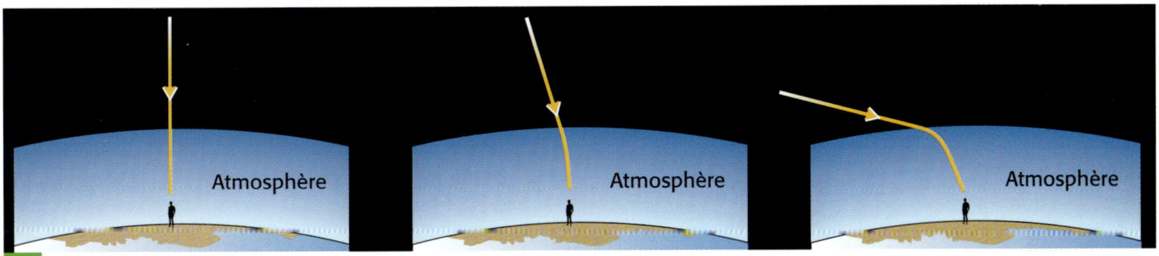

87 Un rayon lumineux sera d'autant plus dévié, en arrivant dans l'atmosphère, que l'angle d'incidence sera élevé. Ces schémas sont très exagérés, les déviations étant en réalité très faibles.

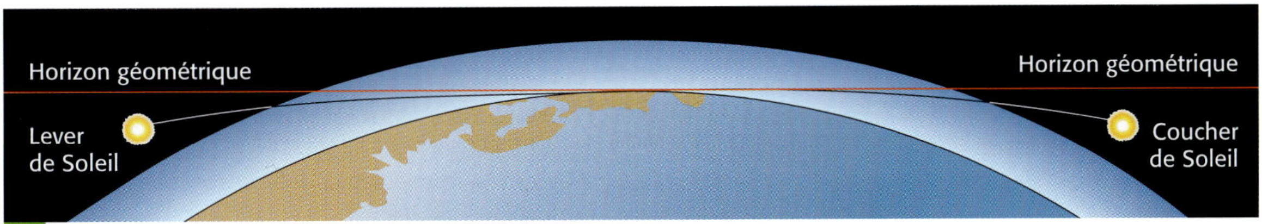

88 En raison du phénomène de réfraction, le Soleil est en réalité sous l'horizon quand on le voit se lever ou se coucher.

Latitude	47° nord	Équateur	47° nord	Équateur
Date	Équinoxe de printemps (20/03)	Équinoxe de printemps (20/03)	Solstice d'été (21/06)	Solstice d'été (21/06)
Durée du crépuscule civil	32 min	22 min	42 min	24 min
Durée du crépuscule astronomique	1 h 44	1 h 10	2 h 59	1 h 16

89 Durée du crépuscule à la latitude de 47° nord et à l'équateur.

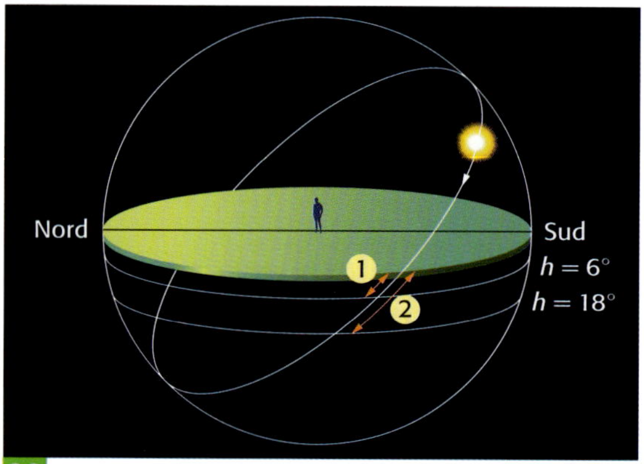

90 Durée du crépuscule à la latitude 47° N à l'équinoxe. **1.** Crépuscule civil ; **2.** Crépuscule astronomique.

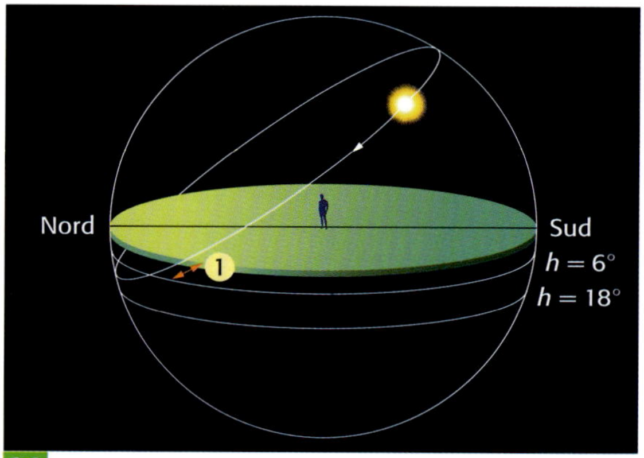

91 Durée du crépuscule à la latitude de 55° N au solstice d'été. Le Soleil ne descend pas en dessous de 18° sous l'horizon, le ciel n'est donc jamais totalement noir au cours de la nuit. **1.** crépuscule civil.

Le crépuscule

Après son coucher, le Soleil continue d'éclairer les couches supérieures de l'atmosphère et le ciel ne devient pas instantanément noir. Le crépuscule commence au coucher du Soleil et se termine quand il est suffisamment bas sous l'horizon pour que les étoiles deviennent visibles.

On appelle h la hauteur du Soleil sous l'horizon :

• $0° < h < 6°$: c'est le crépuscule civil. Il se termine quand on peut voir les planètes et les étoiles les plus brillantes ;

• $0° < h < 18°$: c'est le crépuscule astronomique, après lequel toutes les étoiles visibles à l'œil nu peuvent être observées.

On définit aussi le crépuscule nautique ($0° < h < 12°$). À sa fin, on peut observer suffisamment d'étoiles pour faire le point en mer, l'horizon restant visible. À la latitude de 47° N, le crépuscule civil dure entre 32 et 42 minutes et la durée du crépuscule astronomique varie de 1 h 44 à 2 h 59 suivant la date (tableau 89).

D'où viennent ces variations ? D'abord de l'angle que fait le mouvement apparent du Soleil avec l'horizon au moment du coucher. Il vaut 43° aux équinoxes contre 37° aux solstices à la latitude de 47°. De plus, au solstice d'été, le Soleil descend de moins en moins vite sous l'horizon après son coucher, de près de 8° la première heure, 6° la deuxième, 4° seulement la suivante.

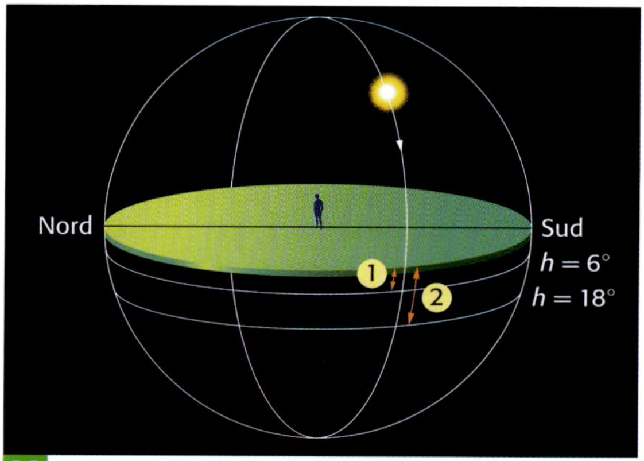

92 Durée du crépuscule à l'équateur. **1.** Crépuscule civil ; **2.** Crépuscule astronomique.

À Paris (latitude 48° 50') au solstice d'été, on peut calculer que le Soleil descend à 17° 54' sous l'horizon à minuit. À la latitude de Paris et pour tous les lieux situés plus au nord, il n'y aura donc pas de nuit totalement noire à cette époque de l'année. Mais à Paris, il n'y a jamais de ciel bien noir…

À l'équateur, le crépuscule est beaucoup plus court car le Soleil descend à la verticale à son coucher. Il faut noter que la transparence de l'atmosphère et l'absence de nuages sont d'autres facteurs importants dans la baisse rapide de la luminosité.

Jour sidéral et jour solaire

La Terre tourne sur elle-même en un jour. Mais par rapport à quoi ? Si c'est par rapport aux étoiles, c'est un *jour sidéral* de 23 h 56 min et 4 s Si c'est par rapport au Soleil, c'est un *jour solaire* de 24 heures en moyenne. La différence vient du fait que, pendant que la Terre tourne sur elle-même, elle avance aussi dans sa révolution autour du Soleil (fig. 93).

Le jour sidéral est donc le temps mis par une étoile pour qu'elle retrouve la même position dans le ciel (23 h 56 min 4 s). Le jour solaire est l'intervalle de temps entre deux midis solaires (24 h en durée moyenne). On appelle midi solaire vrai l'instant du passage du Soleil dans le plan du méridien* (donc plein sud pour nos latitudes).

La durée du jour sidéral et celle du jour solaire varient :

• *Jour sidéral :* Le mouvement de rotation de la Terre sur elle-même est ralenti à cause du frottement des marées océaniques. La période de rotation augmente actuellement d'une seconde en 50 000 ans. Il y a 400 millions d'années, les jours étaient plus courts et une année contenait 400 jours environ. Sur une année ou sur quelques milliers d'années, la variation est cependant négligeable pour nous.

• *Jour solaire :* On peut considérer que notre jour sidéral a une durée constante de 23 h 56 min 4 s. En revanche, le temps d'environ 4 minutes à ajouter pour passer au jour solaire est variable et ce pour deux raisons : d'abord parce que l'angle a (fig. 93) dépend de la vitesse de la Terre sur son orbite, qui est plus grande au périhélie* ; ensuite parce que l'axe de la Terre n'est pas perpendiculaire au plan de son orbite : l'angle dont elle doit tourner n'est pas situé dans le plan de l'écliptique* mais dans le plan de l'équateur*. Il y a une projection d'angle à réaliser entre ces deux plans, différente en fonction de la date.

Les jours solaires sont les plus courts en septembre (23 h 59 min 40 s) et les plus longs fin décembre (24 h 0 min 30 s). Il est amusant de constater que décembre contient à la fois les journées les plus courtes et les jours les plus longs, le mot journée étant pris au sens de jour éclairement, entre le lever et le coucher du Soleil, et jour au sens de jour solaire, entre deux midis solaires.

Pour pouvoir utiliser nos montres qui tournent à vitesse constante, le jour de notre calendrier est un jour moyen de 24 heures. La durée du jour solaire vrai n'en diffère que de 30 secondes au maximum mais cet écart s'accumule de jour en jour et peut atteindre un quart d'heure. C'est ce qu'on appelle l'équation du temps : c'est la différence entre l'heure moyenne régulière donnée par nos montres et l'heure solaire vraie irrégulière donnée par un cadran solaire (sans tenir compte des écarts de longitude* ou des problèmes de l'heure d'été).

Compléments

• **Heure solaire et heure légale : annexe 6, p. 105.**
• **Équation du temps : annexe 7, p. 107.**

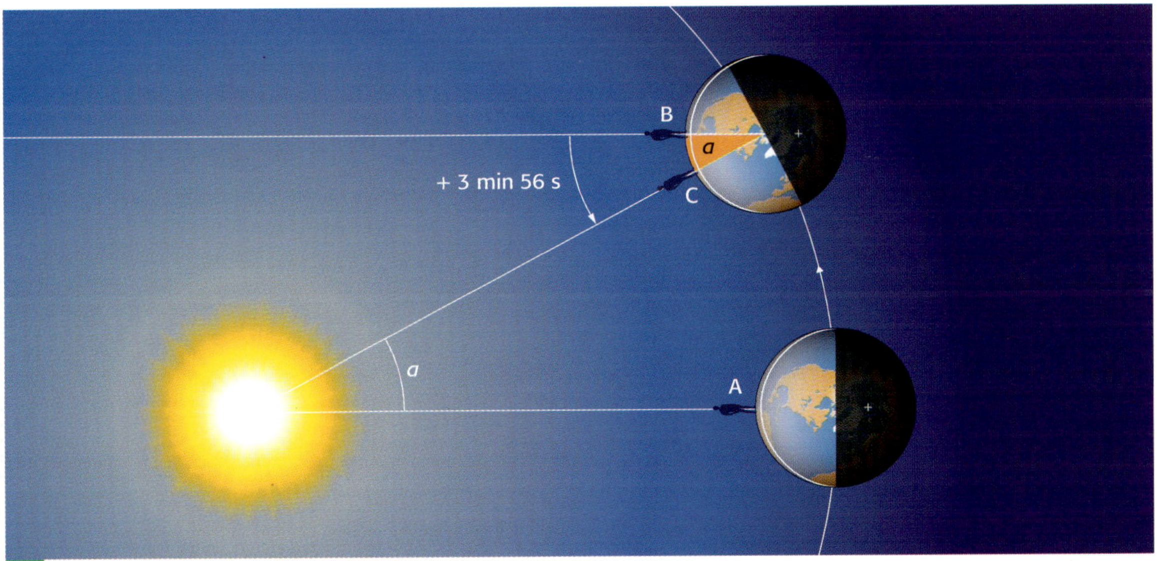

93 Jour sidéral et jour solaire. Pour le personnage en A, il est midi. Après 23 h 56 min, il se retrouve en B, la Terre ayant effectué une rotation sur elle-même par rapport aux étoiles. Mais il n'est pas encore midi. Il faut attendre près de 4 minutes pour que le personnage se retrouve en C, à midi solaire.

En janvier, les journées rallongent le soir

Dès le début du mois de janvier, les journées* rallongent. Entre le 1er et le 15 janvier, le coucher* de Soleil retarde de 17 minutes à Dijon. En temps universel (TU = heure légale en France en hiver -1 heure), il passe de 15h57 à 16h14, alors que le lever n'avance que de 5 minutes, de 7h29 à 7h24. Beaucoup de personnes s'étonnent de cette dissymétrie.

En réalité, lever et coucher de Soleil sont symétriques par rapport au midi solaire. Mais le midi solaire se déplace par rapport à nos montres. En janvier, les jours solaires sont plus longs et durent 24 heures et 25 secondes environ. Notre montre étant réglée sur un jour moyen de 24 heures, ce décalage de 25 secondes s'accumule. Au bout de deux semaines, cela donne 6 minutes. On retrouve cet écart de 6 minutes dans l'équation du temps, qui varie de + 3,5 à + 9,5 minutes du 1er au 15 janvier. C'est donc le décalage du midi au Soleil, dû à un jour solaire trop long, qui est à l'origine de la dissymétrie constatée dans l'augmentation de la longueur de la journée début janvier.

Complément

- **Calcul des heures de lever et de coucher du Soleil : annexe 6, p. 105.**

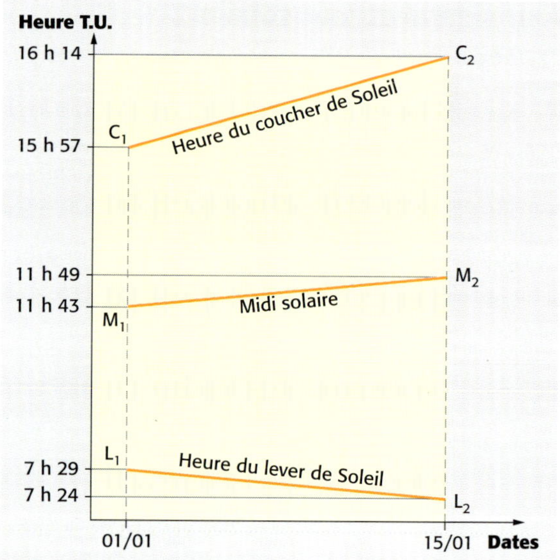

94 Heures des levers et couchers du Soleil entre le 1er et le 15 janvier à Dijon. En heure solaire, comptée à partir du midi solaire, le lever avance de 11 minutes et le coucher retarde de 11 minutes : L2M2 = L1M1 + 11 et M2C2 = M1C1 + 11. En heure légale (liée au temps universel), le lever avance de 5 minutes (11 – 6) et le coucher retarde de 17 minutes (11 + 6). On peut aussi remarquer que midi au Soleil à Dijon a lieu avant 12 h en temps universel car Dijon est à l'est du méridien* de Greenwich.

Évolution du climat et orbite de la Terre

Les variations des paramètres orbitaux de la Terre permettent maintenant d'expliquer des variations climatiques à la surface du globe.

Au cours du temps, le climat à la surface de la Terre a évolué. De nombreux indices en témoignent : traces de moraines (blocs rocheux arrachés par les glaciers), dépôts coralliens, fossiles, carottes glaciaires, sédiments… La dérive des continents, les variations de l'activité solaire, les modifications de composition de l'atmosphère terrestre, le volcanisme, la circulation océanique, etc., sont quelques-unes des causes avancées pour expliquer ce phénomène. Tous ces facteurs ont effectivement joué un rôle, mais ce sont les variations de la position de la Terre par rapport au Soleil qui vont nous intéresser ici. Le Yougoslave Milutin Milankovic a développé dans les années vingt une théorie mathématique des climats qui explique de façon convaincante les dernières glaciations : trois paramètres interviennent, nous l'avons vu, dans la description des mouvements de la Terre – l'inclinaison de son axe (l'obliquité), la position du périhélie* et l'excentricité de l'orbite ; la valeur de ces paramètres varie sous l'effet de l'attraction de la Lune et des autres planètes, ce qui influe sur le climat.

L'obliquité

L'obliquité de l'écliptique* (l'angle ε que forme l'axe de la Terre avec la perpendiculaire au plan de l'écliptique) vaut actuellement 23° 26'. Elle varie, nous l'avons vu, de 22° à 24° 30', avec une période de 41 000 ans.

Quelles sont les conséquences des variations de ε ? Pour le comprendre, imaginons que ε est nul (hypothèse d'école qui ne se produira jamais).

95 **Si l'axe de la Terre était perpendiculaire à l'écliptique, il n'y aurait pas de saisons.**

L'axe de la Terre étant perpendiculaire au plan de l'écliptique, il n'y aura alors plus de saisons (fig. 95). L'énergie reçue du Soleil sera nulle aux pôles et maximale à l'équateur. L'évaporation des océans de la zone équatoriale sera plus importante et cette vapeur d'eau ira alimenter en glace les calottes polaires. Il s'en suit une période de glaciation. D'une manière plus générale, une faible valeur de ε favorise une glaciation. En revanche, pour de grandes valeurs de ε, la situation est inversée avec un plus faible contraste entre les zones équatoriales et polaires.

La position du périhélie

La longitude écliptique du périhélie (le point de l'orbite de la Terre le plus proche du Soleil), est l'angle ω de la figure 96. Elle indique simplement quand a lieu le passage au périhélie par rapport aux équinoxes. Actuellement ω vaut 104°: la Terre passe au périhélie début janvier, peu de temps après le solstice d'hiver.
ω varie de 0 à 360° avec une période de 21 500 ans qui provient de deux phénomènes: d'une part, la précession des équinoxes, qui déplace le point vernal et, d'autre part, la rotation du grand axe de l'ellipse qui déplace le périhélie.
Si ω vaut 90°, à peu près comme maintenant, le périhélie est proche du solstice d'hiver et le solstice d'été a lieu quand la Terre est éloignée du Soleil. Dans l'hémisphère Nord, celui qui nous intéresse ici, les étés seront moins chauds et la calotte glaciaire n'aura pas le temps de fondre. Inversement, quand ω vaut 270°, le solstice d'été a lieu au périhélie et la glace déposée pendant l'hiver pourra fondre.

L'excentricité de l'orbite

L'orbite de la Terre est une ellipse. L'excentricité de l'orbite *e* mesure l'aplatissement de l'orbite terrestre et varie de 0 à 0,07. Cette variation est périodique, de période 100 000 ans. *e* vaut actuellement 0,017 et diminue pour devenir presque nulle dans 26 000 ans. L'orbite sera alors presque circulaire.
Si *e* = 0,07 (valeur maximale), de l'aphélie* au périhélie, la distance Terre-Soleil diminue de 13 % et l'énergie reçue globalement par la Terre augmente de plus de 30 %.
Si *e* = 0,017 (valeur actuelle), la distance diminue de 3 % et l'énergie augmente de 7 % entre l'aphélie et le périhélie.
Plus l'excentricité est grande, plus la date de passage au périhélie (donc la valeur de ω) a de l'importance.

Quelques cas

• Il y a 22 500 ans, ω = 90° ; ε = 22,14° ; *e* = 0,019. La faible obliquité ε induit un fort contraste entre les zones équatoriales et polaires, favorisant une glaciation. De plus, la valeur de ω implique des hivers

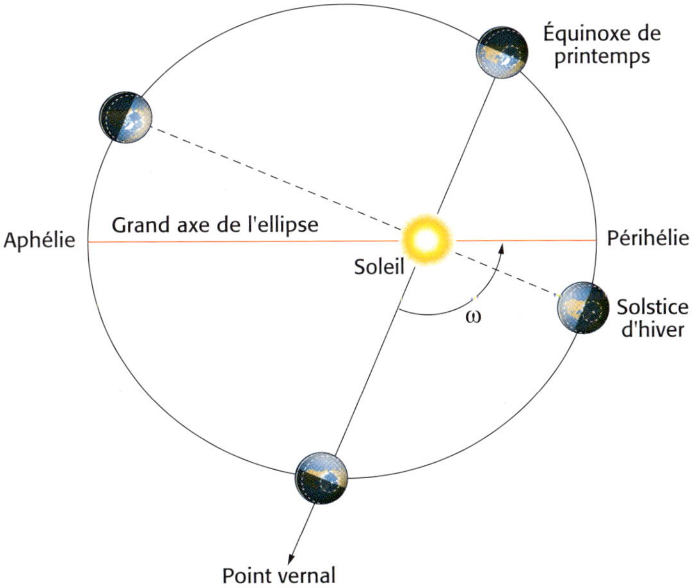

96 **La longitude écliptique du périhélie (ω).**

doux mais aussi des étés frais qui ne permettent pas à la glace de fondre. La calotte polaire s'étend (glaciation Würm III).

- Il y a 11 500 ans, $\omega = 270°$; $\varepsilon = 24{,}19°$; $e = 0{,}020$. La situation est inversée : les étés de l'hémisphère nord sont plus chauds ; la calotte polaire fond. C'est une période interglaciaire.
- Actuellement : $\omega = 104°$; $\varepsilon = 23{,}44°$; $e = 0{,}017$.
- Dans l'avenir, l'obliquité va continuer à décroître, pour passer vers un minimum dans 10 000 ans. On prévoit une glaciation qui atteindra son maximum dans 20 000 ans. Cette prévision ne tient pas compte des autres facteurs, comme les modifications de l'atmosphère terrestre par l'homme (augmentation du dioxyde de carbone et renforcement de l'effet de serre, diminution de la couche d'ozone), dont on connaît encore mal l'influence et les conséquences.

Complément

- **Coordonnées écliptiques : annexe 4, p. 103.**

Les saisons sur d'autres planètes

Vénus

Deuxième planète du système solaire à partir du Soleil, Vénus a le même diamètre que la Terre. Mais elle est plus proche du Soleil – 108 millions de kilomètres seulement – et elle en reçoit deux fois plus d'énergie que notre planète. Comme, de plus, son atmosphère dense engendre un effet de serre, la température à sa surface est très élevée, plus de 450 °C. Son axe de rotation est pratiquement perpendiculaire au plan de son orbite, la différence étant de 2° seulement. Il n'y a donc pas, sur Vénus, de phénomène de saisons comparable aux saisons terrestres. De plus l'excentricité de son orbite est très faible, 0,007. Vénus est donc à une distance presque constante du Soleil. La variation d'énergie reçue entre le périhélie* et l'aphélie* est inférieure à 3 %.
Cette planète tourne très lentement sur elle-même, en 243 jours terrestres par rapport aux étoiles, mais dans le sens inverse de la Terre. Le jour solaire vénusien dure quant à lui 117 de nos jours terrestres. L'écart est important ici entre jour solaire et jour sidéral. Son année de 225 jours terrestres compte à peine 2 jours vénusiens ! Drôle de calendrier qui ne compterait que deux jours avec une année d'un seul jour tous les 13 ans ! Mais comment imaginer un calendrier sur une planète où l'on ne peut se repérer ni par les saisons, inexistantes, ni par les étoiles, cachées par l'atmosphère ?

Mars

Quatrième planète à partir du Soleil, juste après la Terre, Mars a beaucoup fait parler d'elle à la fin du siècle dernier, quand on l'a imaginée peuplée de martiens creusant des canaux d'irrigation. C'est qu'elle a beaucoup de points communs avec la Terre. La durée du jour sur Mars est de 24 h 40 min, très proche de nos 24 heures. L'inclinaison de son axe est de 24°, à comparer avec 23,4° pour la Terre. Mars connaît donc des saisons semblables aux nôtres. Le mouvement apparent du Soleil vu depuis le sol de la planète varie avec la latitude* et la saison comme sur Terre.
Des calottes blanches sont visibles aux pôles martiens, changeant de taille en fonction des saisons. Elles sont constituées de glaces d'eau et de dioxyde de carbone. Pendant l'hiver martien, les sondes spatiales *Viking* ont observé des dépôts de givre. Depuis la Terre, on a cru distinguer des modifications de teintes de certaines régions variant au rythme des saisons. Certains observateurs du siècle dernier y avaient vu la preuve de l'existence de végétation. En fait, ces changements de couleur sont dus aux vents saisonniers déplaçant des poussières.
Cependant, plusieurs différences importantes distinguent Mars de notre planète. Son diamètre est environ la moitié du diamètre terrestre et sa masse le dixième de la masse de la Terre. L'année martienne est plus longue, 687 jours terrestres ou environ 669 jours solaires martiens. Sa distance au Soleil est plus importante, 228 millions de kilomètres en moyenne, mais surtout elle varie d'environ 20 %, l'excentricité de l'orbite martienne valant presque 0,1. Ainsi entre l'aphélie et le périhélie, la quantité d'énergie reçue du Soleil augmente de 46 % ! Le périhélie ayant lieu en automne, c'est la saison la plus courte, 143 jours seulement contre 194 pour le printemps (saisons indiquées pour l'hémisphère martien Nord).
Enfin, les paramètres orbitaux de Mars varient aussi dans le temps, entraînant des changements climatiques. On a montré récemment que l'inclinaison de l'axe de la Terre se modifiait peu grâce à la présence de la Lune qui le stabilise. Mars, n'ayant pas de satellite important, a pu subir des variations beaucoup plus grandes de l'inclinaison de son axe.

Les preuves des mouvements de la Terre

Le mouvement n'a de sens que par rapport à quelque chose. Dire que les étoiles sont fixes et que la Terre tourne sur elle-même ou bien affirmer que la Terre est fixe et que les étoiles tournent autour, sont deux notions équivalentes du point de vue du mouvement. Mais si on veut comprendre l'Univers et faire des lois physiques simples, il faut faire se déplacer la Terre…

Cinq preuves de la rotation de la Terre

Preuve n° 1 : *La forme de la Terre.*
Newton avait prévu que sous l'effet de la « force centrifuge » due à sa rotation, la Terre devait être aplatie aux pôles. Descartes pensait au contraire qu'elle devait avoir la forme d'une poire, allongée suivant son axe. Pour trancher, il fallut mesurer un arc de méridien correspondant à 1° de différence de latitude en différents lieux de la Terre. Il est relativement facile de connaître précisément la latitude en mesurant la hauteur des astres au-dessus de l'horizon.
Deux expéditions furent organisées au début du XVIIIe siècle, l'une au Pérou, à proximité de l'équateur, et l'autre en Laponie, plus près du pôle Nord. On démontra ainsi que la Terre avait une forme d'ellipsoïde, aplatie aux pôles. Toute la mécanique de Newton en sortit renforcée.
L'aplatissement de Jupiter et Saturne est beaucoup plus marqué (6 % et 10 %). Il faut dire que ces planètes géantes (leur rayon vaut une dizaine de rayons terrestres) tournent sur elles-mêmes en une dizaine d'heures seulement.

Preuve n° 2 : *La diminution de la pesanteur à l'équateur.*
On est plus éloigné du centre de la Terre à l'équateur qu'au pôle. La gravitation y est donc plus faible. Mais un deuxième facteur la fait encore diminuer : c'est l'accélération centrifuge due à la rotation de la Terre. L'accélération de la pesanteur, notée habituellement g, vaut 9,81 $m.s^{-2}$ en moyenne, mais sa valeur est de 9,83 $m.s^{-2}$ au pôle et de 9,78 $m.s^{-2}$ à l'équateur. Cette différence se traduit entre autres dans la période d'un pendule, qui oscillera moins vite à l'équateur qu'au pôle (à longueur de ficelle égale), la masse attachée à son extrémité étant moins attirée par la Terre.
Dès 1672, on avait mesuré un pendule battant la seconde à Cayenne (latitude 5° nord). Sa longueur était de 991 mm, contre 994 mm à Paris, ce qui montrait bien que la pesanteur était moindre à l'équateur : un pendule de 994 mm à Cayenne oscillait trop lentement et il fallut le raccourcir pour l'accélérer jusqu'à la bonne période.
On sait maintenant que la variation du rayon de la Terre joue pour un tiers dans cet affaiblissement et sa rotation pour les deux tiers.

Preuve n° 3 : *La déviation de la chute des corps vers l'est.*
Considérons une pomme au sommet d'une tour. La Terre effectue un tour en 24 heures environ. Le cercle de centre O passant par la pomme est plus grand que celui passant par le bas de la tour (fig. 98). Le haut de la tour doit donc parcourir une plus grande distance en 24 h et sa vitesse est supérieure à celle du bas de la tour.
Si vous lâchez votre pomme, elle aura une plus grande vitesse initiale que le pied de la tour et tombera non pas à la verticale de son point de départ mais à l'est de celui-ci. Cette déviation est minime et le dessin (fig. 98) est évidemment très exagéré ici. En première

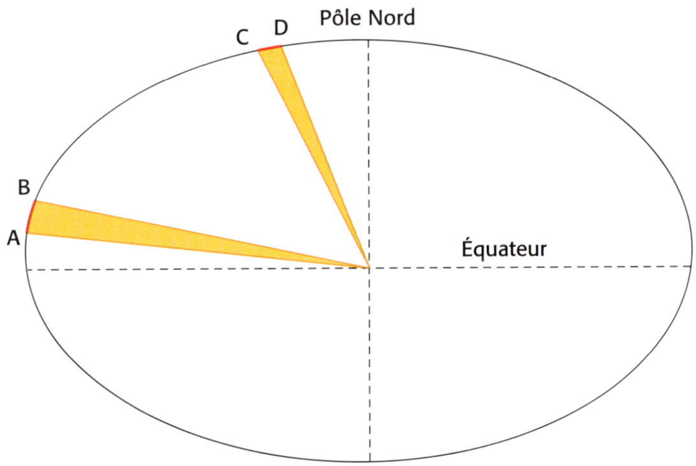

97 Si la Terre est aplatie aux pôles, un arc de méridien de 1° sera plus grand vers l'équateur (AB) que vers les pôles (CD). Sur cette figure, l'aplatissement est très exagéré, puisqu'en réalité le rayon équatorial dépasse le rayon polaire de 0,3 % seulement (6 378 km à l'équateur et 6 357 km aux pôles).

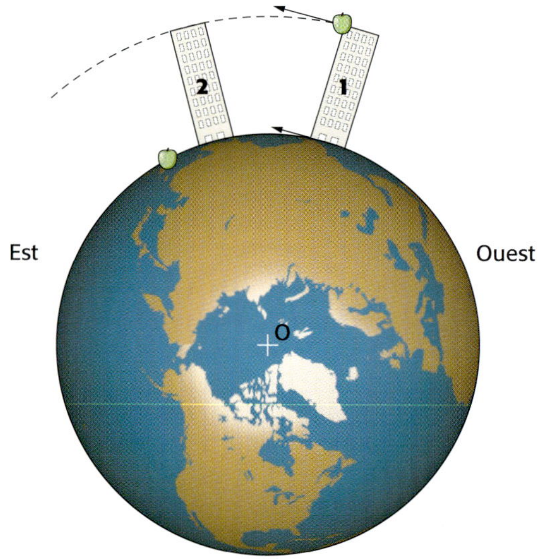

98 **Une pomme lâchée du haut d'une tour aura une vitesse linéaire initiale supérieure à la vitesse du bas de la tour.**

99 **Le plan d'oscillation d'un pendule aux pôles.** Il fait un tour en 24 heures pour un observateur terrestre mais reste fixe par rapport aux étoiles.

approximation, on pourrait considérer que la pomme et le bas de la tour ont la même vitesse initiale, comme nous l'avons fait page 17. Mais pour des grandes chutes, cette déviation est néanmoins mesurable.

Pour une hauteur de chute de 85 mètres, la déviation est de 11 mm. L'expérience n'est donc pas facile à réaliser. Les premiers essais donnant des résultats concluants n'ont pas été faits du haut d'une tour, mais dans des puits de mine au début du XIXe siècle. Ce fut vraiment la première preuve mécanique de la rotation de la Terre.

Preuve n° 4 : *Le pendule de Foucault.*

Le pendule de Foucault est l'expérience la plus célèbre pour prouver que la Terre tourne, mais elle est souvent incorrectement connue (voir p. 18).

En 1851, Léon Foucault installe son pendule, d'une longueur de 67 mètres, au Panthéon. Tout le monde peut observer que le plan d'oscillation du pendule se déplace, montrant ainsi que la Terre tourne. Et il ne fait pas un tour en 24 heures, comme on le croit trop souvent, mais en presque 32 heures…

Le phénomène est plus simple à comprendre dans le cas d'un pendule installé au pôle Nord (fig. 99). Pour un observateur terrestre, le plan des oscillations fait un tour en 24 heures dans le sens des aiguilles d'une montre (plus précisément en 23 h 56 min 4 s ou 86 164 s). Vu de l'espace, c'est la Terre qui tourne et le plan reste fixe par rapport aux étoiles. Au pôle Sud, le principe est le même et le plan des oscillations fait aussi un tour en 24 heures, mais dans le sens inverse.

Si on quitte les pôles, cela se complique. Que se passera-t-il si on transporte ce pendule du pôle Nord au pôle Sud ? Va-t-il s'arrêter brusquement à l'équateur ? Le simple bon sens voudrait que les modifications soient continues et que la vitesse de rotation du plan passe de 1 tour en 24 heures dans un sens au pôle Nord à 1 tour en 24 heures dans l'autre sens

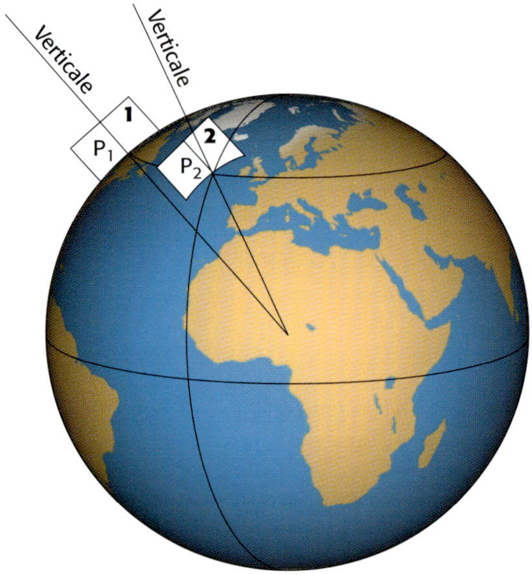

100 **Le plan P_2, parallèle à P_1, ne peut être un plan d'oscillation du pendule car il n'est pas vertical.**

101 **Cas 2.** La vitesse de la cible B est inférieure à celle du canon A.

102 **Cas 3.** La vitesse du canon B est inférieure à celle de la cible A.

au pôle Sud, en passant par toutes les valeurs intermédiaires : plan fixe à l'équateur, 1 tour en 32 heures à Paris…

Essayons de mieux comprendre ce qui se passe à Paris. On pourrait penser que, comme aux pôles, le pendule oscille dans un plan fixe par rapport aux étoiles. Mais cela n'est pas possible. Sur la figure 100, le pendule oscille en 1 dans le plan vertical P_1. Quelque temps après, la Terre a tourné et le pendule se retrouve en 2. Si le plan des oscillations pouvait garder une direction fixe, le pendule devrait osciller dans le plan P_2, parallèle à P_1. Mais P_2 n'est plus vertical. Or, un pendule doit osciller dans un plan vertical.

Le plan des oscillations ne peut donc pas garder une direction fixe dans l'espace. Comme l'expliquait lui-même Foucault, « lorsque la verticale sort du plan d'impulsion primitive, le plan d'oscillation la suit en restant aussi parallèle que possible ». On calcule que la période de rotation du plan à une latitude φ est égale à 86 164 s/sin φ.

Preuve n° 5 : *La déviation d'un tir suivant le méridien et le sens de rotation des cyclones.*

Galilée avait déjà imaginé que, dans l'hémisphère Nord, le tir d'un canon en direction du nord devait être dévié vers l'est. À quoi est dû ce phénomène ?

Dans le cas où le canon A et la cible B se déplacent parallèlement et à la même vitesse, si le canon vise la cible, le boulet doit arriver sur la cible (**cas 1**).

Sur la Terre, dans l'hémisphère Nord, dans le cas d'un canon visant vers le nord, le parallèle de A est plus grand que celui de B et ils font tous deux un tour en 24 heures (**cas 2**, fig. 101) ; la vitesse du canon en A due à la rotation de la Terre est donc supérieure à la vitesse de la cible en B. Le boulet ayant une vitesse initiale vers l'est plus importante arrivera à l'est de la cible, donc à sa droite.

Dans le cas d'un canon visant vers le sud, de la

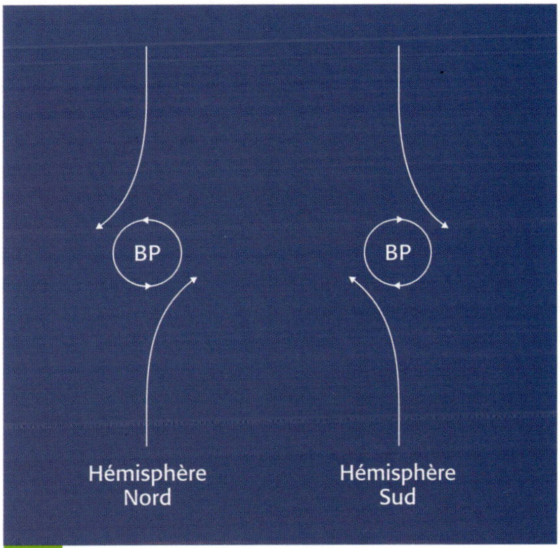

103 **Le déplacement des masses d'air.** Les masses d'air se déplacent des hautes pressions vers les basses pressions (BP) du cyclone. Dans l'hémisphère Nord, elles sont déviées comme le boulet de canon de Galilée, vers leur droite, qu'elles proviennent du nord ou du sud. Cette déviation crée un tourbillon dans le sens inverse des aiguilles d'une montre. La déviation est vers la gauche dans l'hémisphère Sud et les cyclones tournent dans le sens des aiguilles d'une montre.

même manière, la vitesse du canon est inférieure à la vitesse de la cible (**cas 3**, fig. 102) et le boulet arrivera cette fois à l'ouest du but visé. Là encore, il est dévié vers sa droite. L'écart est minime, puisque si le boulet met 4 secondes pour parcourir 1 km, la déviation est de 20 centimètres environ à nos latitudes.
Les courants marins ou aériens sont déviés de la même manière et les cyclones de l'hémisphère Nord tournent dans le sens inverse des aiguilles d'une montre (fig. 103). On dit aussi que lorsque l'on vide un lavabo ou une baignoire, le tourbillon qui se forme tourne toujours dans ce même sens. Si vous faites l'expérience, vous verrez que celle-ci ne fonctionne pas car l'eau a en général une légère vitesse de rotation initiale qui induit le sens final (la forme du lavabo a aussi son importance).
Dans l'hémisphère Sud, les courants sont déviés vers la gauche et le sens de rotation des cyclones est inversé.

L'accélération de Coriolis

Les déviations vers l'est pour la chute d'un corps, vers la droite pour le boulet de canon et les vents de l'hémisphère Nord sont dus à un même phénomène : si on se rapproche ou si on s'éloigne de l'axe de la Terre, la vitesse linéaire due à la rotation de la Terre diminue ou augmente. Du point de vue d'un terrien, c'est-à-dire dans un repère lié à la Terre,

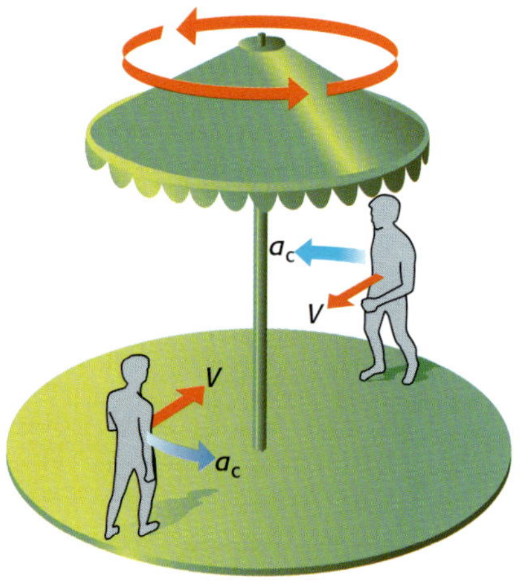

104 **Un effet de l'accélération de la force de Coriolis.** Dans ce manège, une personne se déplaçant de la périphérie vers le centre sera déviée vers sa droite, exactement de la même manière que le boulet de canon de Galilée. Il est possible de faire soi-même l'expérience à la Cité des Sciences et de l'Industrie de La Villette (Paris), qui possède une animation de ce type dans l'espace mathématique.

cette vitesse due à la rotation n'existe plus : le haut et le bas de la tour sont immobiles comme le canon et la cible… On justifie les déviations étudiées ci-dessus par l'accélération de Coriolis, à laquelle sont soumis tous les objets en mouvement sur la Terre.
D'une manière générale, quand on se déplace dans un repère en rotation, on est soumis à une accélération $\vec{a}_c$ donnée par la formule :

$$\vec{a}_c = -2\vec{\omega} \wedge \vec{v}$$

où $\vec{\omega}$ est la vitesse de rotation du repère par rapport aux étoiles considérées comme fixes (vecteur suivant l'axe de la Terre et dirigé vers le nord) et $\vec{v}$ la vitesse de déplacement du corps dans le repère mobile. $\vec{a}_c$ est ce qu'on appelle l'accélération de Coriolis.
Les effets de l'accélération de Coriolis sur Terre sont multiples. Citons pour l'hémisphère nord : sens direct de rotation des cyclones, déviation des alizés, usure plus grande du rail droit des chemins de fer, érosion préférentielle de la rive droite des fleuves, déviation vers l'est de la chute des corps, etc.

Deux preuves du mouvement de la Terre autour du Soleil

Preuve n° 1 : *Le problème de la parallaxe.*
Ce problème a été évoqué rapidement en page 38 : si la Terre est mobile autour du Soleil, nous devrions apercevoir les constellations sous des perspectives différentes au cours de l'année. Voyons ceci plus en détail.
Depuis les Grecs et encore à l'époque de Copernic ou de Galilée, on pensait que les étoiles étaient situées sur une sphère, la sphère des fixes, et étaient donc toutes à la même distance de nous. Mais assez rapidement, on imagina que les étoiles plus brillantes devaient être plus proches et les moins brillantes plus lointaines. Le problème de la parallaxe ne se pose pas de la même manière dans ces deux cas.
- Premier cas : On imagine les étoiles situées sur une sphère, centrée sur le Soleil dans le modèle de Copernic. Imaginons deux étoiles a et b située sur la sphère céleste (fig. 105). Observées depuis la Terre en T_2, elles paraîtront plus éloignées l'une de l'autre qu'en T_1 car l'angle $\widehat{aT_2b}$ est supérieur à $\widehat{aT_1b}$. À l'époque, on estimait le rayon de la sphère céleste à 10 ou 20 fois la distance Terre-Soleil. Pour la figure, on a choisi 10 fois. L'angle $\widehat{aTb}$ passe ici de 5 à 6° quand la Terre se déplace de T_1 à T_2 ; 1° d'écart, c'est énorme et ob-servable avec des moyens rudimentaires. Or, aucune parallaxe de ce type n'avait été observée. Sûrement, affirmaient Copernic puis Galilée, parce que les étoiles sont beaucoup plus éloignées qu'on ne l'imagine et cette parallaxe est trop faible pour être mesurée.

Tycho Brahe, à la fin du XVIe siècle, avec des instruments atteignant la précision de la minute d'arc (1/60 de degré), n'avait trouvé aucune parallaxe. Ce qui voulait dire, d'après ses calculs, que le rayon de la sphère céleste devait être d'au moins 700 fois la distance Terre-Soleil. Impensable à l'époque... En réalité, la plus proche étoile, en dehors du Soleil, est située à 270 000 fois la distance Terre-Soleil !

- Deuxième cas (le vrai) : les étoiles ne sont pas toutes à la même distance du Soleil. Le principe est alors différent, car il suffit de mesurer la parallaxe d'une étoile proche par rapport à une étoile lointaine, ce qui est plus facile.

En T_2 (fig. 106), les étoiles a et b paraîtront confondues, alors qu'en T_1, elles seront distantes d'un angle α. Mais les étoiles sont tellement éloignées que cet angle α est inférieur à la seconde d'arc (1/3 600 de degré), même pour les étoiles les plus proches ! De nombreux astronomes tentèrent de mesurer une parallaxe. Ce fut fait pour la première fois en 1838 seulement, par l'astronome allemand Bessel, sur l'étoile 61 du Cygne. Il lui trouva une parallaxe de 0,3".

L'absence de mesure de parallaxe a été longtemps un argument contre le mouvement de la Terre.

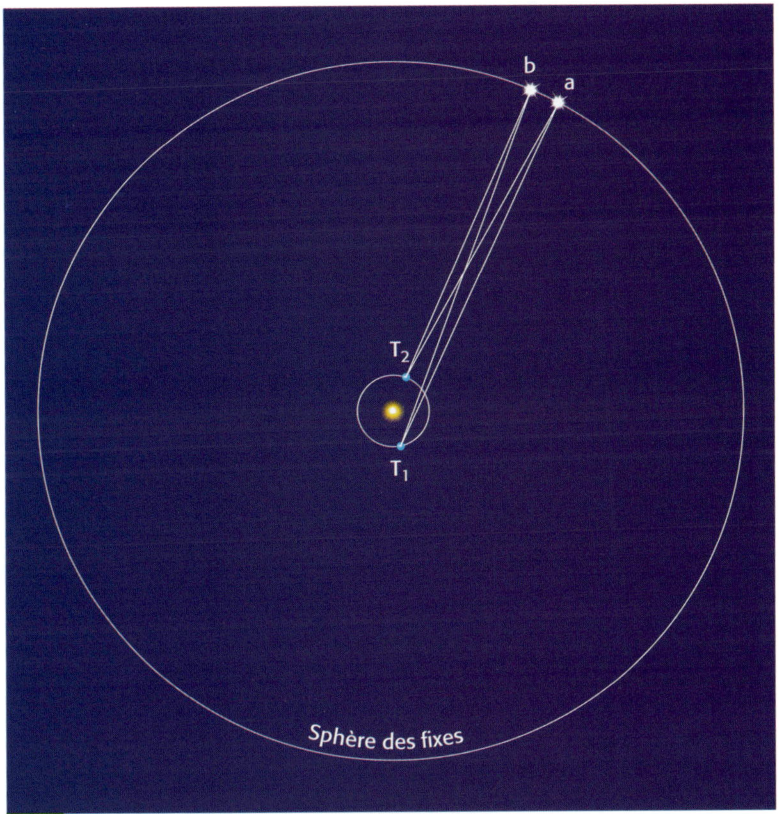

105 **Lorsque la Terre T se déplace, l'angle aTb varie.**

Preuve n° 2 : *L'aberration de la lumière.*

C'est en cherchant à mesurer des parallaxes que l'on découvrit l'aberration de la lumière : on voit les coordonnées des étoiles se modifier au cours de l'année de manière périodique, les variations pouvant atteindre 20 secondes d'arc. L'explication de ce phénomène fut trouvée par l'astronome britannique Bradley en 1729, avant la première observation de parallaxe. Ce fut la première preuve physique du mouvement de la Terre autour du Soleil. Le principe est le suivant : la Terre se déplaçant autour du Soleil, on n'observe pas une étoile dans la direction où elle est réellement car la vitesse de la lumière est finie. On compare souvent ce problème avec le cas d'un automobiliste se déplaçant sous la pluie : même si celle-ci tombe verticalement, elle semble venir frapper le pare-

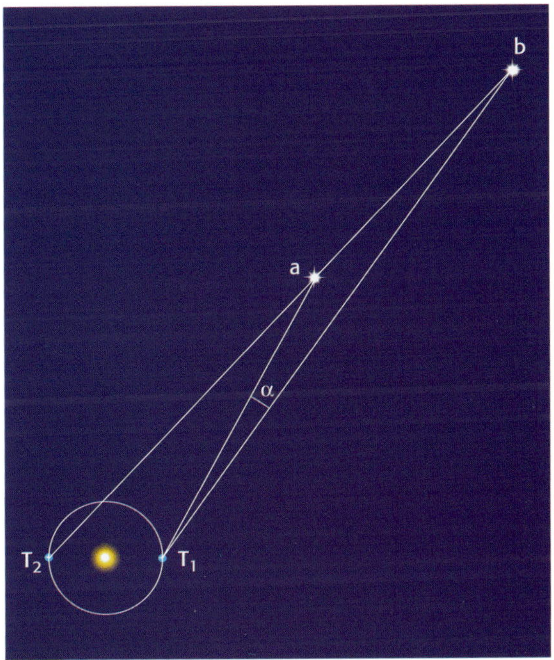

106 **Mesure de la parallaxe d'une étoile proche par rapport à une étoile éloignée.**

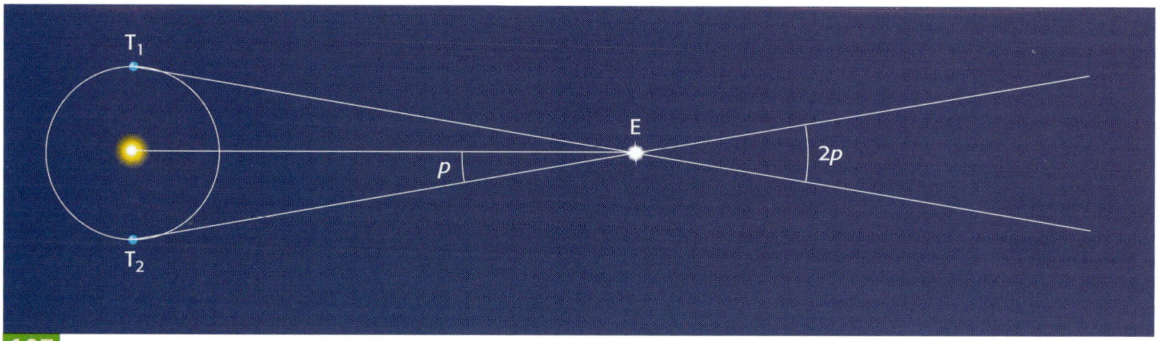

107 **La parallaxe d'une étoile E** est l'angle p sous lequel on verrait le rayon de l'orbite terrestre depuis cette étoile. Du point de vue de la Terre sur ce schéma, on voit donc la position de E varier de $2p$ par rapport aux étoiles les plus lointaines considérées à l'infini.

brise. Cette aberration ne concerne que la direction observée de la source et n'est pas en contradiction avec le fait que la vitesse de la lumière est constante. Imaginons un photon P en provenance d'une étoile E. Dans quelle direction faudra-t-il pointer un télescope pour observer cette étoile ? Sur le schéma 108, on observera bien l'étoile E dans le télescope, puisque le photon suit le tube. Pour cela, celui-ci doit être incliné d'un angle α par rapport à la direction de l'étoile avec :
$\alpha \approx \tan \alpha = T_2T_3/P_2P_3 = (V_T \times t)/(c \times t) = V_T/c$, où V_T = vitesse de la Terre et c = vitesse de la lumière.
$V_T = 30$ km/s ; c = 300 000 km/s ; on en déduit $\alpha \approx 20''$. 20 secondes d'arc, c'est peu, mais c'est nettement supérieur aux mesures de parallaxes qui sont inférieures à la seconde. C'est pour cela que l'aberration de la lumière a été découverte avant que l'on ne mesure les premières parallaxes d'étoiles.

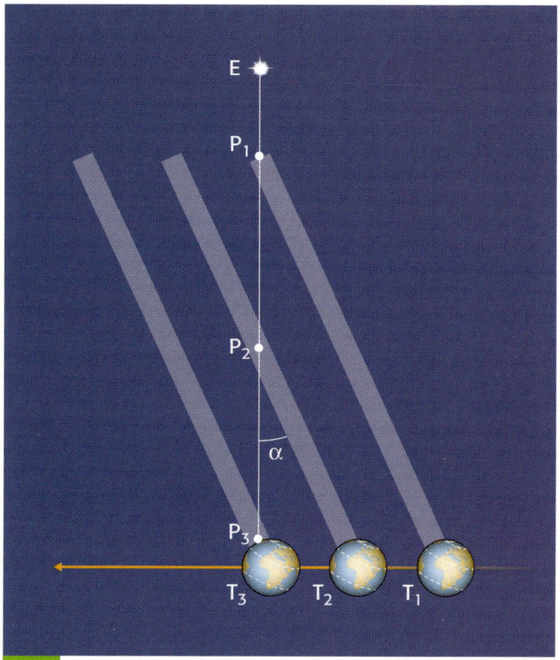

108 E = étoile fixe ; P = photon représenté aux instants t_1, t_2, t_3 ; T = Terre représentée aux instants t_1, t_2, t_3. Le rectangle violet représente un tube de télescope géant (sans optique).

Les modèles géocentriques

Avant Copernic, pour la plupart des astronomes grecs ou arabes, la Terre devait être immobile au centre du monde. Dans ces conditions, comment expliquer les mouvements apparents du Soleil ? Pour son déplacement au cours d'une journée, il suffit de faire tourner une sphère centrée sur la Terre et sur laquelle on a fixé le Soleil. Et pour faire varier sa hauteur en fonction des saisons, on le fait se déplacer en un an sur l'écliptique, grand cercle de la sphère incliné par rapport à l'équateur. Ce modèle est géométriquement équivalent à celui de Copernic et permet de justifier les directions de lever et de coucher, la hauteur du Soleil, la durée de la journée… Précisons que pour expliquer des irrégularités, comme la durée inégale des saisons, les Grecs, puis les Arabes avaient ajouté de nombreuses améliorations à ce système. La simple observation du mouvement apparent du Soleil leur avait permis de déterminer avec précision l'inclinaison de l'écliptique par rapport à l'équateur. Elle valait 23° 51' pour Hipparque, 23° 35' pour al-Battani. Elle vaut actuellement 23° 26'. C'est la valeur réelle de cet angle qui se modifie au cours des siècles, comme nous l'avons vu au chapitre 4, pp. 51-52.

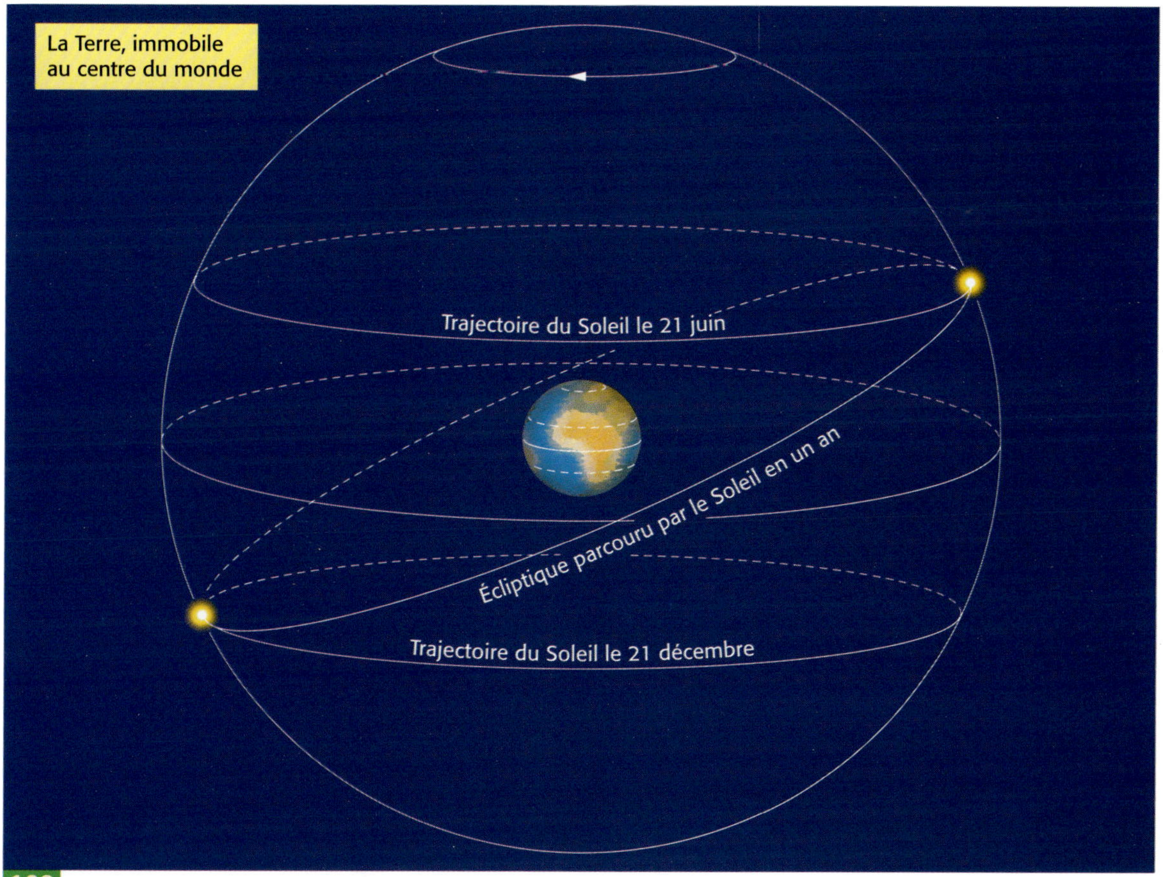

109 **Le système géocentrique d'Aristote :** la sphère céleste tourne autour de la Terre en un jour et le Soleil se déplace sur l'écliptique en un an.

Conclusion

Le modèle simplifié du mécanisme des saisons présenté dans le chapitre précédent nécessite quelques corrections. On peut comprendre simplement les mouvements célestes et les saisons à partir des mouvements de la Terre.

• L'orbite de la Terre est légèrement elliptique. Elle ressemble à un cercle dont le centre n'est pas tout à fait le Soleil et elle est décrite à vitesse variable. En conséquence :

– nous sommes plus près du Soleil début janvier et plus éloignés début juillet. Les saisons dans l'hémisphère Nord sont ainsi moins contrastées que celles de l'hémisphère Sud ;

– toutes les saisons n'ont pas la même durée, l'été est plus long que l'hiver de près de 5 jours.

• L'axe de la Terre n'a pas une direction parfaitement fixe dans l'espace. Ainsi, l'année des saisons est un peu plus courte que le temps de révolution de la Terre autour du Soleil, mesuré par rapport aux étoiles : c'est la précession des équinoxes. Pour cette raison, les signes du zodiaque ne correspondent plus aux constellations et l'étoile Polaire ne sera pas la même dans quelques milliers d'années.

• La réfraction atmosphérique rallonge la durée de la journée de quelques minutes. Ainsi, à l'équinoxe, les journées sont un peu plus longues que les nuits.

• Les paramètres orbitaux de la Terre, obliquité, excentricité, de même que la position du périhélie, varient eux aussi sur de longues périodes. Tous ces facteurs permettent d'expliquer certaines glaciations.

Pour expliquer le mouvement apparent du Soleil ou des étoiles, on peut aussi bien dire que c'est la Terre qui tourne sur elle-même ou que le ciel tourne autour de la Terre. Mais dans le cadre des lois de la mécanique classique, c'est bien la Terre qui tourne.

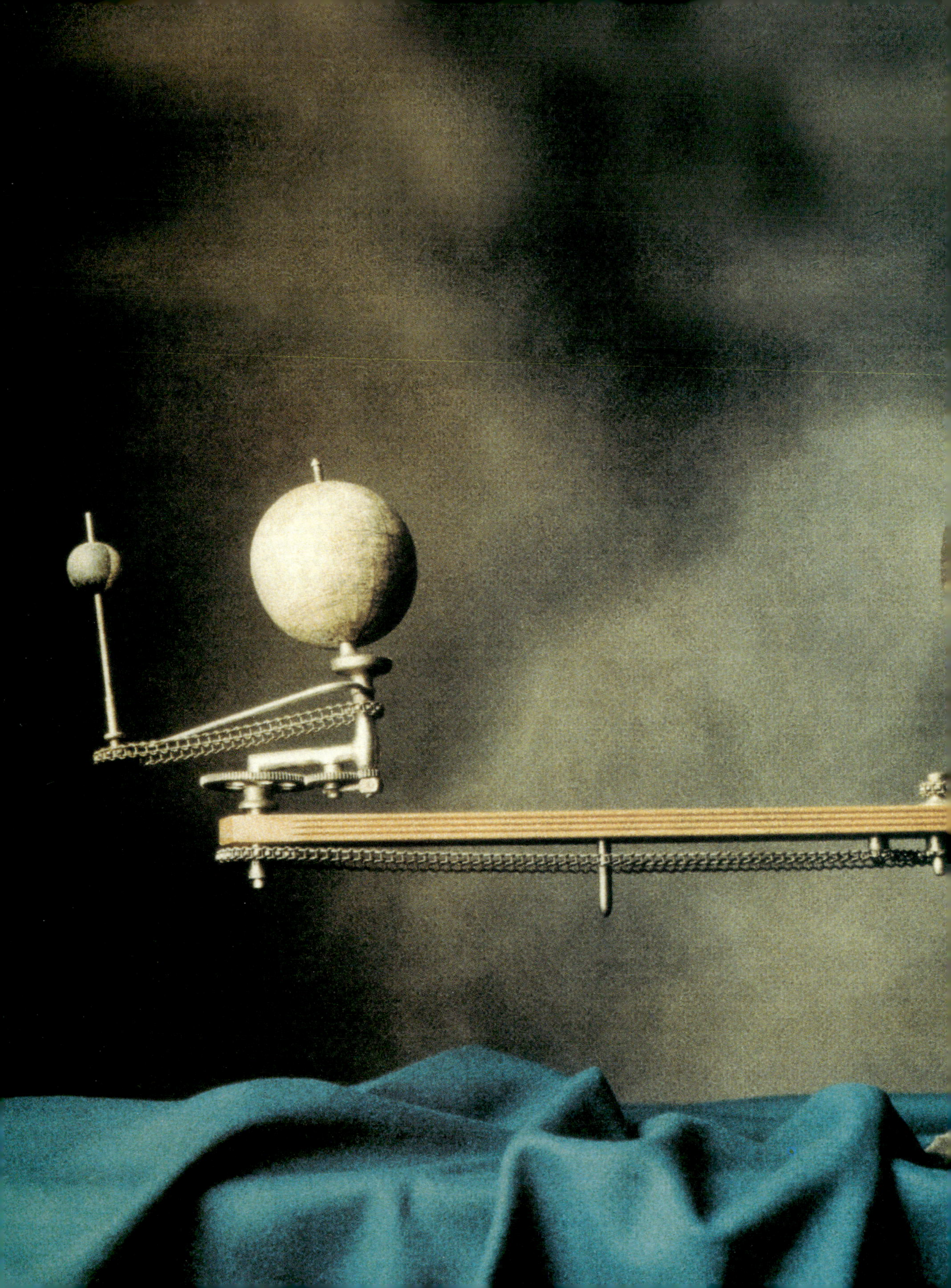

Partie II

Comprendre les saisons par l'expérimentation

5 Du modèle géocentrique au modèle héliocentrique

Pour comprendre le mécanisme des saisons, plusieurs activités expérimentales sont possibles. Dans un premier temps, mieux vaut laisser les enfants ou les adultes exprimer leurs idées sur les saisons, prendre le temps d'observer les mouvements apparents et surtout ne pas vouloir aller trop vite. Ce premier chapitre présente une démarche expérimentale globale fondée sur l'observation et la simulation.

Les mouvements de la Terre : premières expérimentations

Est-ce le ciel ou la Terre qui tourne ? Chaque jour, nous voyons le Soleil tourner autour de nous, et durant la nuit, c'est au tour de la voûte céleste de prendre le relais. Tout cela est bien rassurant et il est normal que nous nous croyons au centre du monde. Cette représentation est donc fort bien ancrée dans notre vision de l'univers. Certes, nous avons appris qu'en réalité c'est la Terre qui tourne sur elle-même en une journée devant le Soleil, mais sans avoir toujours bien intégré cette connaissance ; il est ainsi amusant de constater l'embarras de certains touristes quand ils doivent changer l'heure de leur montre selon qu'ils partent vers l'Est ou vers l'Ouest. Par ailleurs, combien de jeunes ou d'adultes sont capables de faire tourner correctement le globe devant une source de lumière représentant le Soleil ?

Si on demande à des enfants âgés de 10 ans de représenter, à l'aide de schémas, le jour et la nuit, les réponses sont diverses. Pour les uns, le Soleil est au-dessus de la Terre le jour et passe sous la Terre durant la nuit. Cette représentation géocentrique*, qui place la Terre au centre du monde, est intuitive. Pour d'autres, la Terre tourne en un jour autour du Soleil *« car c'est la Terre qui tourne, je l'ai entendu »* ; cette représentation héliocentrique* fausse est induite par une connaissance inadéquate. Pour d'autres encore, la Terre tourne devant le Soleil. Cette représentation héliocentrique plus élaborée est en général, le fait d'enfants plus âgés. Il faut cependant être prudent et ne pas croire qu'elle a été forcément bien assimilée. Lorsqu'un nouveau problème se pose, l'enfant peut très vite revenir au modèle intuitif pour l'expliquer. En fait cette connaissance de la rotation de la Terre sur elle-même heurte tellement l'observation courante que, bien souvent, les deux idées se juxtaposent dans notre inconscient sans être vraiment analysées.

Notre objectif ici est d'arriver à intégrer les deux représentations, la représentation géocentrique et la représentation héliocentrique, et à faire comprendre le phénomène des saisons dans les deux modèles. Il n'y a pas, en effet, une « bonne » et une « mauvaise » représentations, chacune est valable dans le repère choisi et permet d'expliquer plus simplement différentes observations ; en outre, on utilise beaucoup la représentation géocentrique dans la vie de tous les jours et elle s'avère indispensable pour atteindre la représentation héliocentrique. Il convient donc de bien comprendre, bien observer les mouvements apparents, bien imaginer le monde à partir des observations. Dans un deuxième temps, on essayera d'intégrer ces observations à une connaissance plus élaborée, enfin, on essayera de « jongler » intellectuellement entre ces deux représentations.

Pour intégrer les deux représentations et passer de l'une à l'autre, la progression devra être adaptée à l'âge des enfants, mais les étapes générales peuvent s'appliquer à tous. Cette progression commence donc par des observations. Celles-ci sont certes indispensables, mais elles ne suffisent pas pour construire une représentation adéquate du monde : il est nécessaire de les compléter par des simulations.

Observations et simulations dans le repère géocentrique

→ Matériel nécessaire

– Relevés d'ombres (voir p. 71).
– Lampe de poche.
– Parapluie des constellations.
– Globe terrestre.

→ Réalisation

Les observations préliminaires indispensables sont :
– l'observation de la trajectoire du Soleil et de l'ombre d'un bâton un jour donné (voir p. 71).
– l'observation de la trajectoire des étoiles une nuit pendant quelques heures et l'observation de la fixité de l'étoile Polaire (voir p. 15).
Ces observations induisent, spontanément, une représentation géocentrique du monde, avec la Terre au centre et les astres qui tournent autour d'elle.

→ Exploitation des relevés d'ombre

À partir des relevés d'ombre d'un bâton au cours de la journée et dessinés sur une feuille, on propose aux enfants de mimer, avec une lampe de poche allumée représentant le Soleil, la trajectoire du Soleil dans le ciel. L'expérience se fait dans l'obscurité.
La feuille de papier et le bâton sont immobiles, l'enfant déplace la lampe de poche en prenant soin, à chaque position de la lampe, que l'extrémité de l'ombre du bâton se retrouve face aux repères. Il découvre qu'il faut déplacer la lampe de l'est à l'ouest en passant par le sud. Cette expérience reproduit le mouvement apparent du Soleil dans le ciel à nos latitudes (fig. 110).

→ Exploitation des observations nocturnes

Lorsqu'on demande aux enfants de schématiser ce qui se déplace la nuit, ils font tourner les étoiles autour de l'étoile Polaire. Pour mimer ces mouvements, on utilise un parapluie à l'intérieur duquel sont dessinées les constellations. Sur son axe, se trouve schématisée l'étoile Polaire. L'intérieur de ce parapluie représente le ciel étoilé. Lorsqu'un enfant tient le parapluie ouvert au-dessus se sa tête, il le fait tourner autour de son axe pour simuler le mouvement apparent des astres (fig. 111).
On peut également demander aux enfants de représenter ces phénomènes par l'intermédiaire d'une ronde (fig. 112). Cette méthode peut paraître puérile mais elle s'est révélée plus efficace que les schématisations abstraites. L'enfant observateur est au milieu de la ronde et est censé représenter la Terre ; un objet au-dessus de sa tête symbolise l'étoile Polaire. Les enfants autour de lui représentent les étoiles. On demande aux enfants de la ronde de tourner afin que l'enfant-Terre observateur au milieu les voie défiler. On peut aussi demander à un enfant de représenter le Soleil.

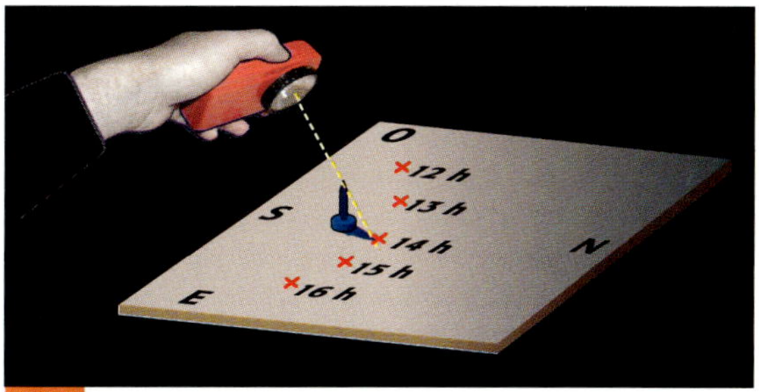

110 Simulation du mouvement apparent du Soleil à partir d'un relevé d'ombres.

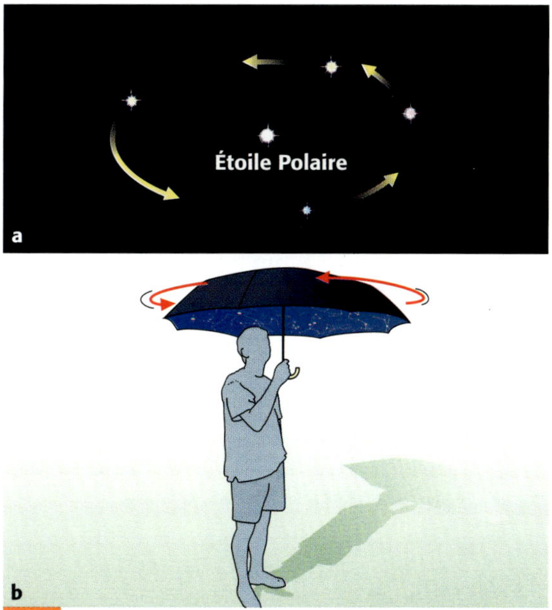

111 a. Schématisation du mouvement apparent des étoiles autour de l'étoile Polaire. b. Simulation avec un parapluie.

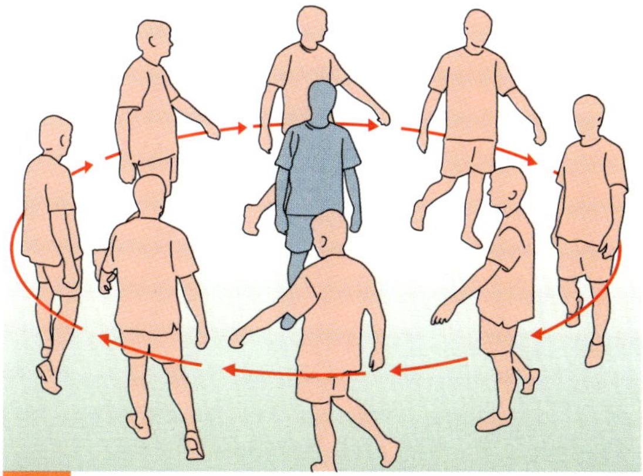
112 Simulation du mouvement des étoiles par une ronde.

Simulations dans le repère héliocentrique

Lorsqu'on pense que ces observations ont été bien intégrées dans la représentation géocentrique, chaque expérience est alors reprise avec la représentation de la Terre tournant en 24 h sur elle-même devant le Soleil immobile (représentation héliocentrique*).

→ Matériel nécessaire

– Relevés d'ombres (voir p. 71).
– Lampe de poche.
– Parapluie des constellations.
– Globe terrestre.

→ Réalisation

Dans le cas de la feuille avec le relevé d'ombre, la lampe-Soleil étant immobile, il faut déplacer la feuille pour avoir le même effet. De plus, on constate aisément que l'on doit tourner cette feuille d'ouest en est (le sens inverse du mouvement apparent du Soleil).

Dans l'expérience avec le parapluie, l'enfant qui tient le parapluie comprend que le parapluie reste immobile et qu'il doit tourner lui-même sous le parapluie dans le sens inverse du sens de rotation apparent des étoiles. Par ailleurs, il remarque que dans ce cas aussi, l'étoile Polaire, sur l'axe du parapluie reste immobile. L'axe du parapluie représente l'axe de la Terre.

Dans le cas de la ronde, les enfants représentant les étoiles restent immobiles et l'enfant-Terre tourne sur lui-même dans le sens inverse du sens de rotation apparent des étoiles.

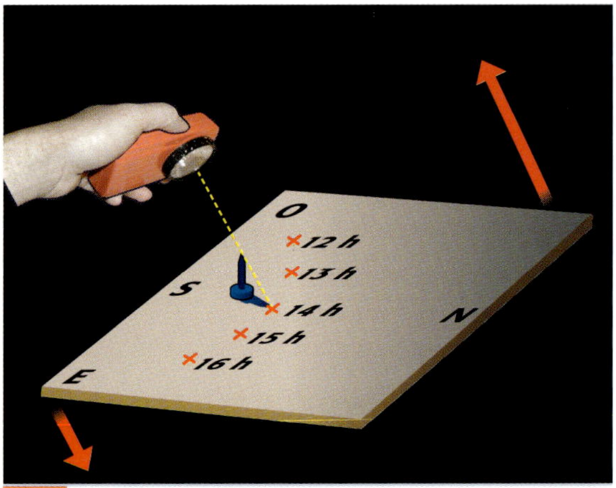

113 Simulation du mouvement apparent du Soleil dans le repère héliocentrique.

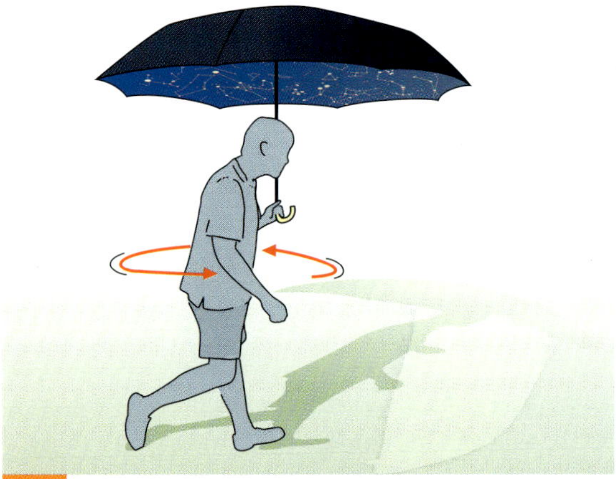

114 Simulation du mouvement de la Terre avec le parapluie.

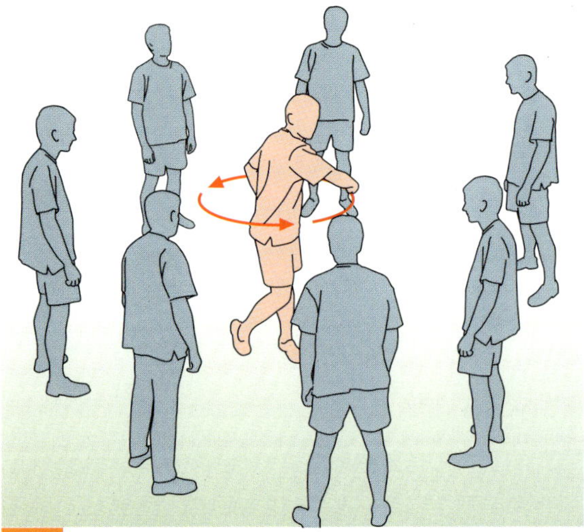

115 Simulation du mouvement de la Terre par la ronde.

Passer du modèle géocentrique au modèle héliocentrique

→ Matériel nécessaire

– Un globe terrestre et une lampe de poche.

→ Réalisation

Pour consolider ces acquis, on peut maintenant proposer une nouvelle situation : les enfants reçoivent, par groupe, un globe terrestre et une lampe. On leur demande de mimer les mouvements du Soleil et de la Terre dans les deux modèles et de représenter leur expérience par des schémas. L'étoile Polaire se trouve vers le haut, dans le prolongement de l'axe des pôles.

Les enfants présentent les deux solutions : soit la lampe tourne dans le sens des aiguilles d'une montre autour du globe, soit la lampe est immobile et le globe tourne sur lui-même devant la lampe dans le sens inverse des aiguilles d'une montre (le sens est donné vu du dessus). Ainsi, cette première phase d'apprentissage va permettre d'aborder des modèles plus abstraits permettant de comprendre les mouvements des astres au cours d'une journée. Mais, dira-t-on ensuite, en regardant un beau coucher de Soleil sur l'océan à Lacanau (océan Atlantique) : *« Tiens la Terre vient de tourner vers l'est ? »*.

Les saisons : premières expérimentations

Lorsqu'on demande à des enfants de 10 ans *« pourquoi fait-il plus chaud en été qu'en hiver en France ? »*, la réponse dépend de leur maturité intellectuelle et de leurs observations. Voici deux réponses fréquentes : *« En hiver le Soleil est derrière les nuages » ; « L'été, la Terre est plus rapprochée du Soleil »*.

Lorsqu'on pose la même question à des adultes, 60 % d'entre eux répondent : *« le Soleil est loin de la Terre en hiver, près en été car la Terre décrit une ellipse autour du Soleil »*. Se souvenant vaguement des lois de Kepler, ils greffent ainsi inconsciemment une connaissance correcte (la Terre décrit une ellipse autour du Soleil) sur une représentation erronée (les variations de températures entre les saisons sont dues à des variations de distance entre le Soleil et la Terre, voir p. 29).

La démarche présentée ici est fondée sur : des observations ; des explications de ces observations grâce à une représentation géocentrique ; de nouvelles explications avec une représentation héliocentrique ; un exercice qui permet de passer d'une représentation à une autre.

Beaucoup de personnes ont des difficultés pour comprendre la géométrie dans l'espace et la schématisation correspondante. On étudiera donc les mouvements par l'intermédiaire de rondes puis à l'aide de maquettes et seulement, après, on abordera une représentation plus abstraite, à l'aide de schémas qui projettent dans un plan à deux dimensions ce qui se passe dans l'espace à trois dimensions.

Observations

→ Matériel nécessaire

– Relevé d'ombre (voir p. 71).

→ Observation de la trajectoire du Soleil au cours de l'année

L'observation de la trajectoire du Soleil, qui se déroulera toute l'année ou, plus rapidement, sous le planétarium, est absolument indispensable. En effet, les trois quarts des adultes interrogés pensent que le Soleil se lève toujours strictement à l'est. Cette observation peut être également faite avec le dispositif décrit page 75 qui permet de repérer l'ombre d'un bâton vertical sur une feuille horizontale. L'idéal serait d'avoir 4 relevés d'ombre au cours de l'année, à des dates proches des solstices et équinoxes.

→ Observation du mouvement apparent des étoiles

Les enfants savent déjà, qu'au cours d'une nuit, l'étoile Polaire est fixe dans le ciel ; ils en ont conclu qu'elle est située dans le prolongement de l'axe de la Terre. Cependant, lorsqu'ils observent le ciel trois mois plus tard, par exemple au même endroit et à la même heure, leur étonnement est très amusant : ils ne reconnaissent plus le ciel. Ils constatent bien que l'étoile Polaire n'a pas bougé : elle est toujours proche (visuellement) d'un repère lié au paysage. Mais ils sont très surpris de voir que la voûte céleste a tourné en bloc autour de l'étoile Polaire, dans le sens inverse des aiguilles d'une montre (le même que le sens de la rotation du ciel au cours de la nuit).

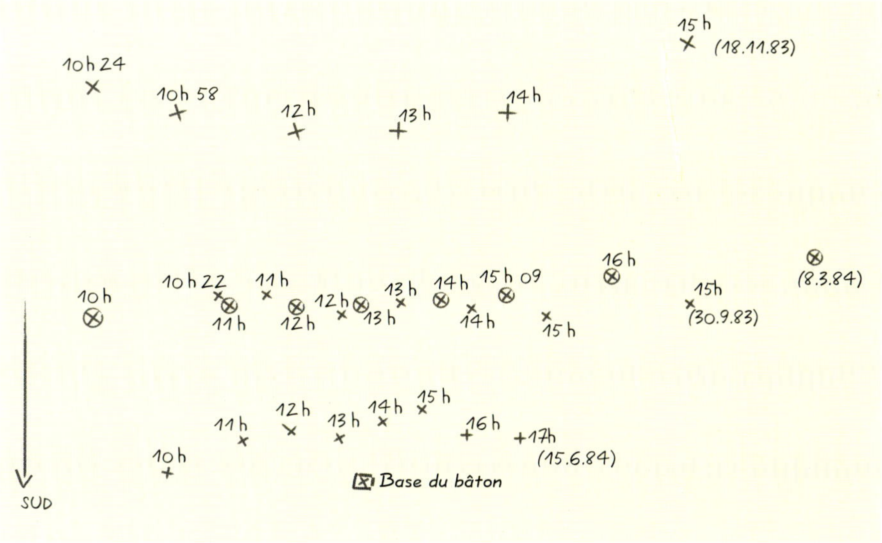

116 **Exemple de relevé d'ombres réalisé par un enfant de 8 ans à différentes dates :** 30/09, 18/11, 8/03, 15/06. Hauteur du bâton : 5 cm. On peut remarquer que la planchette n'a pas été orientée exactement de la même manière aux différentes dates. (École annexe Bellevue, CM, Mlle Debord.)

Simulations dans un repère géocentrique

→ Matériel nécessaire

- Relevé d'ombre (voir p. 75).
- Lampe de poche.
- Feuilles de papier et crayon.

→ Réalisation

Toutes les observations menées précédemment induisent intuitivement une représentation géocentrique. Ainsi, si on propose aux enfants de représenter par l'intermédiaire d'une ronde le mouvement des étoiles au cours d'une année, ils placeront tout naturellement l'enfant-Terre au centre et feront tourner les enfants-étoiles autour dans le sens des aiguilles d'une montre.

Il en est de même pour l'exploitation des relevés d'ombres du bâton. En mimant dans l'obscurité, avec une lampe de poche, la course du Soleil dans le ciel, tout en ayant soin que l'extrémité de l'ombre du bâton se retrouve chaque fois en face des repères tracés, les enfants réalisent que pour une heure donnée le Soleil est haut dans le ciel en été, et bas en hiver. La représentation est géocentrique, mais l'expérience permet de bien mémoriser les différentes trajectoires du Soleil dans le ciel.

Si on demande, ensuite, aux enfants de représenter graphiquement la trajectoire du Soleil et des étoiles au cours de l'année, on obtient le type de schéma ci-dessous. Bien sûr, il confirme une vue géocentrique du monde, mais cette représentation est fondée sur des observations et c'est une étape indispensable pour atteindre la représentation héliocentrique.

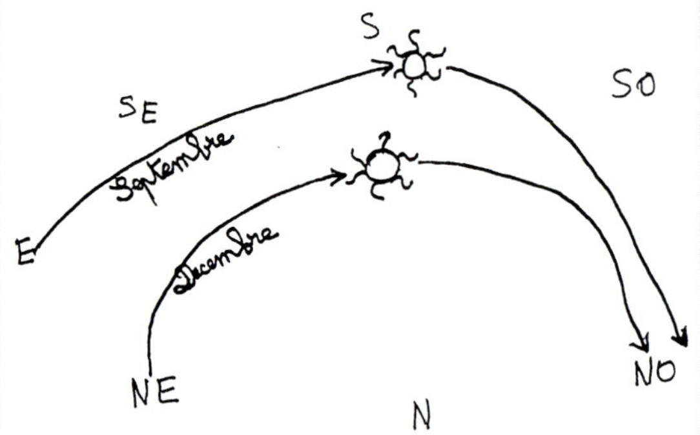

117 **La trajectoire du Soleil et des étoiles au cours de l'année, vue par un enfant de 10 ans.** (Dessin de Christelle, CM2, École J. Zay, Limoges.)

Simulations dans un repère héliocentrique

→ Matériel nécessaire

- Globe terrestre.
- Projecteur de diapositives ou lampe de 100 W (fixée sur un pied ou posée sur une table).
- Feuilles de papier et crayon.

→ Représentation du mouvement de la Terre autour du Soleil par la ronde

Les enfants ont entendu dire : *« C'est la Terre qui tourne autour du Soleil »*. Proposons-leur de représenter ce modèle avec une ronde. Ils placent le Soleil au centre, immobile, un enfant-Terre tourne autour de lui. Disposons sur un cercle plus grand que la trajectoire de la Terre une ronde immobile qui représente les étoiles (fig. 118). L'enfant-Terre se rend compte qu'il ne voit pas les mêmes enfants-étoiles lorsqu'il fait un tour autour du Soleil. Ce modèle plaît aux enfants car il permet de comprendre pourquoi on ne voit pas les mêmes étoiles au cours de l'année.

→ Place de l'étoile Polaire

Si on demande ensuite aux enfants de schématiser ce système, on peut avoir la surprise d'obtenir beaucoup de schémas comme ci-contre (fig. 119-120).

En effet, pour expliquer l'immobilité de l'étoile Polaire au cours de l'année, les enfants pensent : soit que l'étoile polaire est liée à la Terre ; soit que l'axe de la Terre pivote afin qu'il reste toujours dirigé vers l'étoile Polaire (placée au-dessus du Soleil).

Les enfants se retrouvent devant un paradoxe : ils ont compris que l'étoile Polaire est située dans le prolongement de l'axe de la Terre, ce qui explique sa fixité au cours d'une nuit ; ils observent qu'elle est fixe au cours de l'année et en concluent qu'elle suit la Terre dans son mouvement !

On peut alors proposer le jeu suivant (fig. 121) : deux enfants côte à côte, distants de 1 m, montrent avec un bras un objet situé à 2 m ; tout le monde constate que le prolongement de leur bras respectif rejoint l'objet. On leur demande de montrer un objet lointain (à plus de 10 m) : on voit alors leurs bras devenir parallèles. Il faut donc leur faire comprendre que l'axe de la Terre reste parallèle à lui-même au cours de sa révolution tout en restant en direction de l'étoile Polaire qui est très éloignée du système Terre-Soleil.

→ Autre représentation du mouvement de la Terre autour du Soleil

Pour représenter le mouvement de la Terre autour du Soleil, on peut utiliser le dispositif expérimental suivant : un enfant tient le globe et tourne autour de la source de lumière, un projecteur de diapositives que quelqu'un tient toujours braqué sur le globe ou une lampe de 100 W (la deuxième solution est plus pratique, on n'a pas besoin de tourner la lampe).

On rappelle les notions de géographie utiles telles que : il fait toujours jour en été au pôle Nord, la journée est plus longue en été sous notre latitude Nord.

Un enfant place le globe en position été. On lui demande ensuite de se déplacer d'un quart de tour autour de la lampe et de placer le globe en position « automne ». On rappelle que les journées ont la même longueur que les nuits en tous les points de la Terre. En général, l'enfant qui tient le globe redresse l'axe et l'oriente verticalement.

On lui demande maintenant de placer le globe en position « hiver » après avoir effectué un quart de tour. En général, l'enfant change la direction du globe et incline à nouveau son axe. Lorsqu'on a effectué ainsi un tour, les enfants sont très satisfaits ; on leur demande alors de réfléchir à ce qu'on a appris précédemment : *« Où était l'étoile polaire dans cette maquette animée ? »* Stupéfaction ! Déception ! Notre maquette est inexacte ! Laissons-les réfléchir, discuter, écartons-nous du débat ! (Il est animé).

Rappelons les faits : l'axe de la Terre est toujours dirigé vers l'étoile Polaire. Il doit donc rester parallèle à lui-même. Reprenons le globe, la lampe et on arrive ainsi à une maquette correcte !

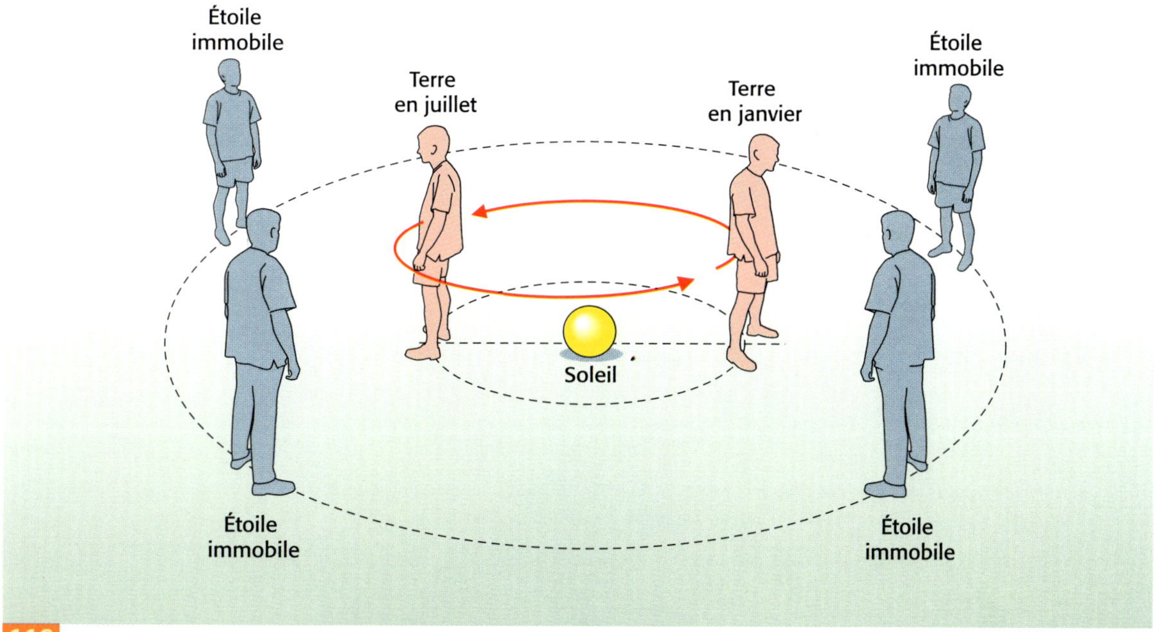

118 Simulation par la ronde du mouvement apparent annuel des étoiles.

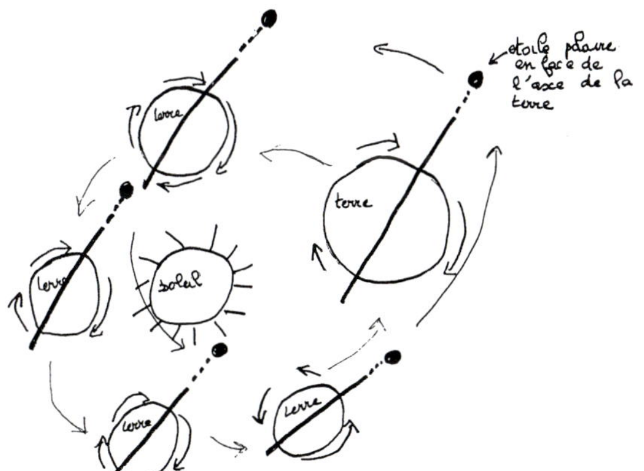

119 Le système héliocentrique vu par un enfant de 10 ans. (Dessin de Nadia, CM2, École J. Zay.)

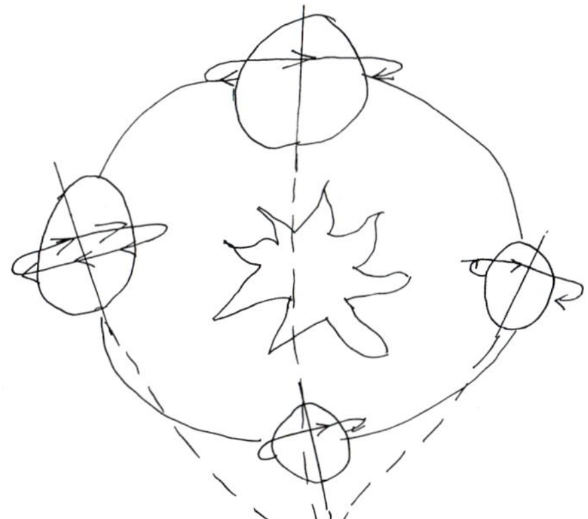

120 Le système héliocentrique vu par un autre enfant de 10 ans. (Dessin d'Éric, CM2, École J. Zay.)

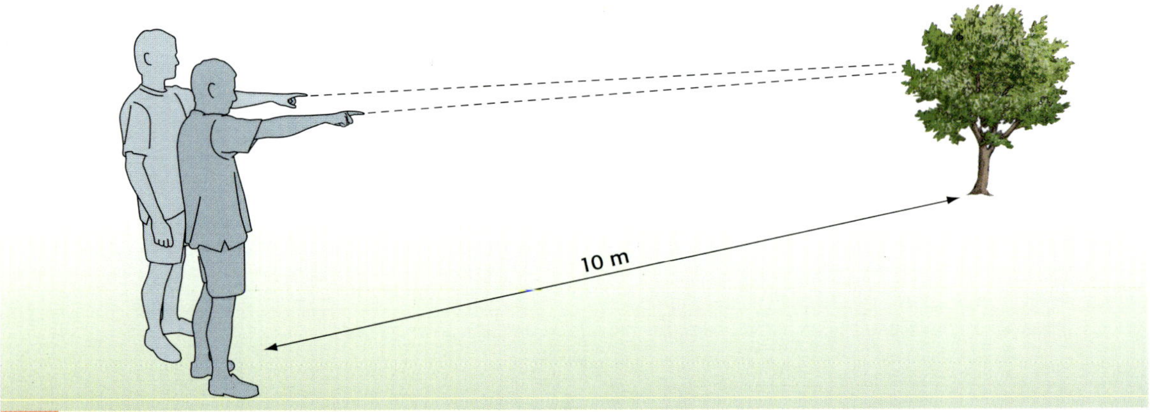

121 **Une expérience pour comprendre la fixité de l'étoile Polaire.**

Passer du modèle géocentrique au modèle héliocentrique

Lorsqu'on pense que les enfants ont bien assimilé le modèle héliocentrique, il est intéressant de leur demander quelles seront les trajectoires des étoiles et du Soleil si on est au pôle Nord ou à l'équateur. Ce passage du modèle héliocentrique au modèle géocentrique oblige souvent les enfants à un grand effort intellectuel.

L'idéal est, bien sûr, d'aller ensuite vérifier les hypothèses émises soit sous le planétarium, soit sur place ! Ce serait bien sympathique d'aller constater que, par exemple, à midi le 21 juin, le Soleil est au Nord dans le ciel de la Réunion !

6 Observer et comprendre les mouvements apparents

Le mouvement apparent du ciel nocturne peut être observé visuellement sans faire de relevés particuliers. On peut éventuellement réaliser des photographies, comme celles des pages 10 ou 11. On peut aussi, à l'aide de méthodes simples, noter le mouvement apparent du Soleil au cours d'une journée. Enfin, on peut interpréter et prévoir les mouvements apparents à l'aide de maquettes.

Observer les mouvements apparents

Première méthode : le relevé d'ombres

Le principe d'un relevé d'ombres consiste à noter à différentes heures de la journée la position de l'ombre d'un point. Les exploitations possibles de ce type de relevé sont détaillées dans l'annexe 3, page 101.

→ Matériel nécessaire

– Une planchette de format environ 25 x 30 cm.
– Un rivet ou une vis.

→ Réalisation

On peut réaliser un relevé d'ombres directement au sol avec un bâton vertical ou sur une planchette de bois. Dans ce cas, on observera l'ombre de l'extrémité d'un clou, d'une vis ou d'un rivet fixé dessus. On place la planchette horizontalement et, toutes les demi-heures ou toutes les heures, on note l'emplacement de l'extrémité de l'ombre.

123 **Une simple planche de contreplaqué et un bâton vertical** suffisent à relever le mouvement apparent du Soleil. Il faut veiller à ce que la table soit bien horizontale.

Pour avoir plusieurs relevés comparables, faits à différentes dates, on peut recouvrir la planchette d'une feuille de papier, sur laquelle on aura pris soin de noter la position du clou et la direction du nord. Pour les relevés suivants, il faudra orienter la planchette de la même manière. On vérifie ainsi que la hauteur du Soleil à midi*, ainsi que les directions de lever et de coucher varient au cours de l'année.

Le relevé peut aussi être fait sur un carton de 5 à 10 cm de côté, muni d'un rivet de 10 à 15 mm collé au centre. Il pourra alors être fixé sur un globe terrestre (voir pp. 83-84).

Un autre type de relevé d'ombres peut être réalisé de manière plus précise dans une pièce orientée approximativement au sud. On fixe sur une fenêtre, à 1 m ou 1,5 m de hauteur, une feuille noire percée d'un trou de 5 mm de diamètre environ. On peut alors suivre le déplacement de la tache lumineuse au sol. Le diamètre apparent du Soleil étant de 0,5°, la tache lumineuse n'est pas ponctuelle mais on peut noter son centre assez précisément. Cette méthode permet d'avoir de bons résultats pour mesurer la hauteur du Soleil à midi ou pour tracer un axe nord-sud.

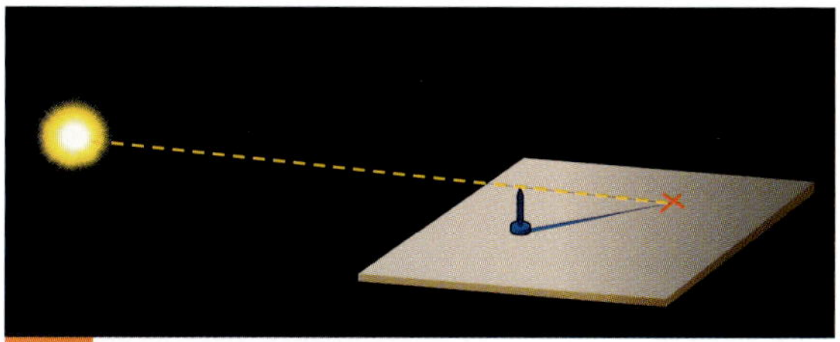

122 **Principe du relevé d'ombres.** On relève régulièrement la position de l'ombre du sommet d'un bâton vertical.

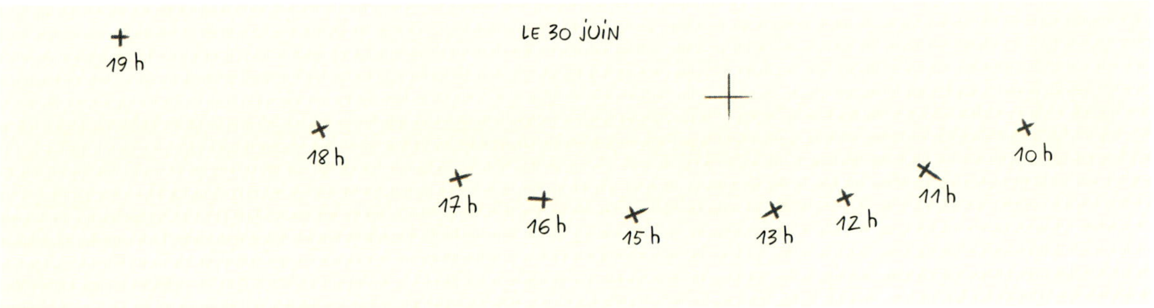

124 **Un relevé d'ombres réalisé un 30 juin à Dijon.**

Deuxième méthode : le dispositif du saladier

La trajectoire du Soleil dans le ciel au cours de la journée peut être matérialisée sur un saladier transparent ; cette idée vient du professeur R. Szostak.

→ Matériel nécessaire

- Une maquette de paysage (facultatif).
- Un saladier (transparent).
- Un morceau de carton percé d'un trou.
- Gommettes ou feutres.

→ Réalisation

Un saladier représentant la voûte céleste est placé sur un plan horizontal orienté. Une maquette du paysage est construite à l'intérieur. On trace une cible au centre du cercle horizontal (fig. 125a). À un instant donné, on place sur le saladier un carton troué, de telle façon que le rayon venant du Soleil et passant par le trou arrive sur la cible (b). On matérialise ce rayon par un trait de feutre sur le saladier ou mieux, en collant une gommette (c). Si on répète cette expérience toutes les heures, la série de gommettes matérialise la trajectoire du Soleil au cours de la journée. En renouvelant cette expérience quatre fois dans l'année (en septembre, décembre, mars et juin, par exemple), on observe des trajectoires différentes du Soleil et des directions de lever et coucher différentes au cours des saisons.

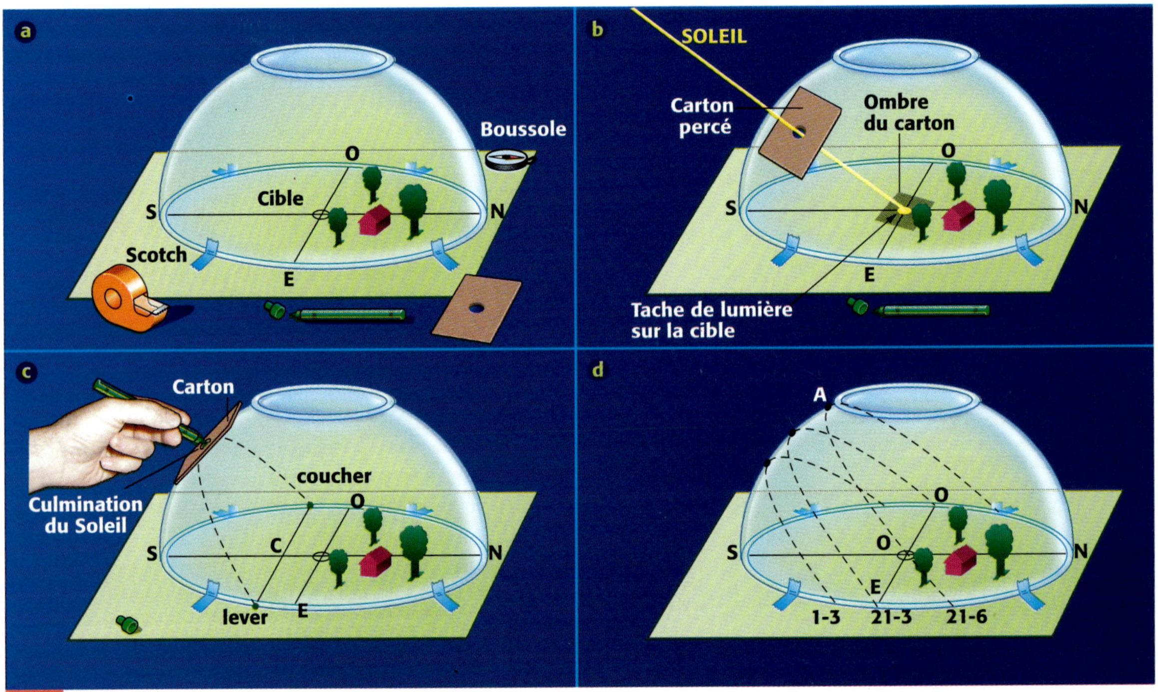

125 **Relevé du mouvement apparent du Soleil au cours de la journée sur un saladier.**

126 **Matérialisation d'un rayon lumineux.**

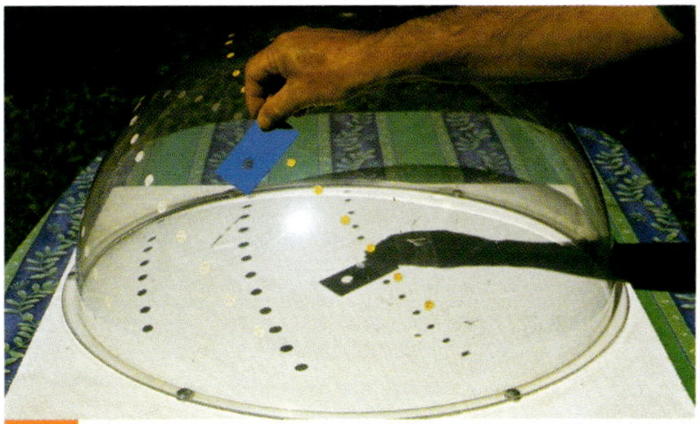

127 **Les trois séries de relevés** visibles sur ce saladier ont été réalisées le 16 décembre (série du bas), le 23 septembre (au milieu) et le 23 juin (en haut).

Troisième méthode : le calendrier

Le petit exercice présenté ici permet d'effectuer quelques calculs en manipulant des heures et des minutes.

→ Matériel nécessaire

- Calendrier des postes (pour Paris) ;
- ou éphémérides ;
- ou encore logiciel de calcul des heures de lever et coucher de Soleil (avec *Redshift*, par exemple : cliquer sur « Soleil » puis « Rapport ») ;
- on peut aussi effectuer soi-même les calculs avec les formules de la page 106.

→ Réalisation

On demande aux enfants de calculer la durée de la journée* à partir des heures de lever* et de coucher* du Soleil. Dans le tableau ci-contre, les heures de lever et de coucher sont données pour Dijon. On peut l'adapter pour n'importe quelle ville avec un logiciel, des éphémérides ou utiliser le calendrier des postes qui donne les heures pour Paris.

Avant de se lancer dans les calculs, il est intéressant de demander à quelles dates les journées sont les plus courtes. Peu d'enfants savent que c'est fin décembre. L'activité peut ensuite être répartie entre eux. Les données peuvent être présentées sur des graphiques (fig. 129 et 130).

Remarque : si on calcule la durée moyenne de la journée, on trouve ici 12 h 10 et non 12 h, principalement à cause de la réfraction atmosphérique (voir p. 53).

La question qui se pose est : « *Pourquoi les journées sont-elles plus longues en juin qu'en décembre ?* » Certains avancent : « *Parce qu'on est plus près du Soleil en juin.* » Mais si on leur demande d'approfondir leur réponse, ils s'aperçoivent qu'ils n'expliquent rien ainsi. Parler des saisons en commençant par la durée de la journée et sans aborder encore le problème des températures montre bien que ce n'est pas la distance Terre-Soleil qui importe.

On peut déjà vérifier qu'avec un axe de la Terre perpendiculaire à la direction du Soleil, la journée et la nuit doivent durer chacune 12 heures. On arrivera ensuite peu à peu à un axe incliné par rapport à cette perpendiculaire. On peut rappeler par exemple qu'en été, il fait jour au pôle Nord (voir p. 73).

Date	Lever	Coucher	Durée de la journée
01/01	07:29	15:58	
15/01	07:25	16:14	
01/02	07:09	16:38	
15/02	06:48	17:00	
01/03	06:22	17:24	
15/03	05:55	17:43	
01/04	05:21	18:08	
15/04	04:54	18:28	
01/05	04:25	18:49	
15/05	04:05	19:08	
01/06	03:50	19:27	
15/06	03:45	19:37	
01/07	03:49	19:38	
15/07	04:00	19:30	
01/08	04:20	19:11	
15/08	04:38	18:50	
01/09	05:00	18:18	
15/09	05:19	17:50	
01/10	05:41	17:18	
15/10	06:00	16:50	
01/11	06:25	16:22	
15/11	06:47	16:03	
01/12	07:08	15:50	
15/12	07:22	15:47	

128 **Heures de lever et de coucher du Soleil à Dijon en 2000.** Les heures sont données en temps universel (TU). Pour l'heure légale, ajoutez 1 h en hiver et 2 h en été.

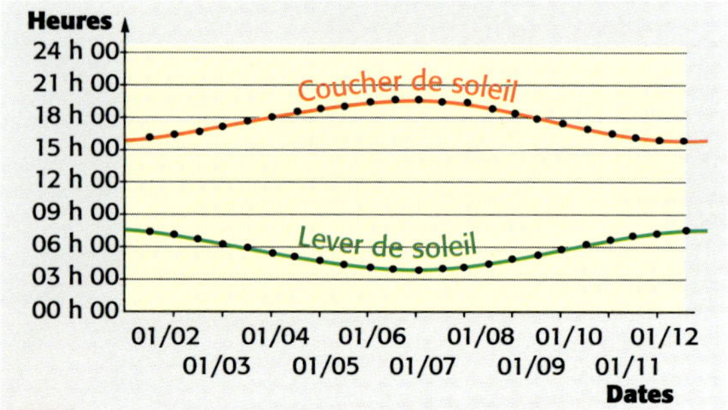

129 Heures de lever et de coucher du Soleil en fonction de la date (à Dijon). La durée de la journée est la partie comprise entre le lever et le coucher.

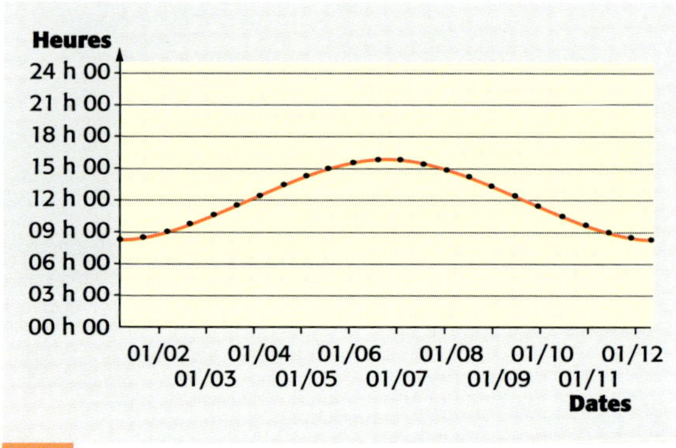

130 Durée de la journée en fonction de la date (à Dijon).

Comprendre les mouvements apparents

Les maquettes géocentriques animées

Plusieurs sortes de maquettes géocentriques* permettent de simuler le mouvement apparent du Soleil au cours de la journée. On peut ainsi visualiser la direction du lever et du coucher du Soleil, de même que sa hauteur à midi* à n'importe quelle date. Le principe des maquettes est simple : pour reproduire le mouvement apparent du ciel, on fait tourner la voûte céleste autour de l'axe de la Terre. Les schémas qui suivent paraîtront peut-être un peu compliqués, mais dans la réalité il est facile de manipuler ces objets en trois dimensions.

Dans ce type de maquette (fig. 131), représentant le point de vue d'un observateur terrestre, l'axe de la Terre fait un angle avec l'horizontale égal à la latitude (fig. 51, p. 33) ; il sera vertical au pôle Nord. L'équateur* céleste est perpendiculaire à l'axe et l'écliptique* est incliné de 23,4° par rapport au plan de l'équateur. Lorsque l'on fait tourner l'ensemble autour de l'axe de la Terre, le plan de l'équateur garde une direction fixe alors que le plan de l'écliptique se déplace. Pour bien comprendre ce type de schéma géocentrique (fig. 131) il faut avoir en tête la représentation héliocentrique (fig. 132). On retrouve ici l'angle de 23,4° entre le plan de l'écliptique et le plan de l'équateur.

Sur ces maquettes, on place le Soleil sur l'écliptique à la position correspondant à la date. L'écliptique est en général gradué. On peut alors reproduire les mouvements apparents du Soleil de manière précise et claire. Il est aussi possible de placer les autres planètes et la Lune sur l'écliptique pour observer leur mouvement apparent.

Le point de vue représenté ici est toujours géocentrique. Il est important de compléter l'utilisation de ces maquettes par d'autres activités ou la présentation d'autres maquettes, héliocentriques cette fois.

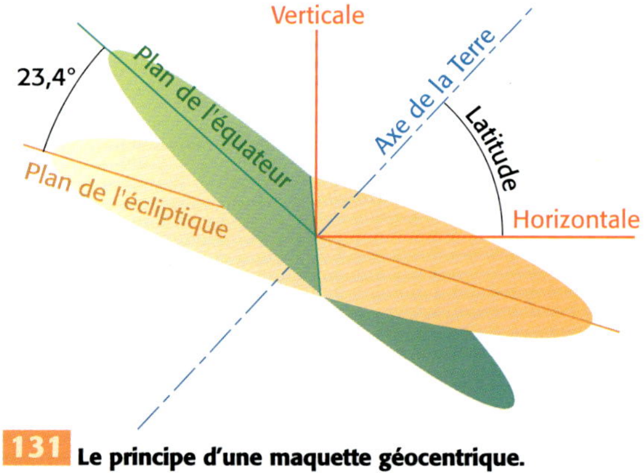

131 Le principe d'une maquette géocentrique.

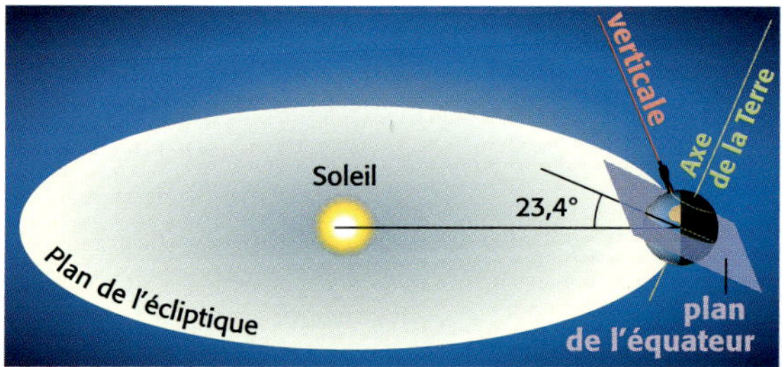

132 Représentation héliocentrique du système Terre-Soleil.

Quatre types
de maquettes géocentriques animées

– *Le Cinéciel.* Cet instrument a été conçu par Claude Piguet, du CLEA (Comité de Liaison Enseignants Astronomes). Réalisé en carton, c'est le plus simple de tous et le moins onéreux, et il permet d'obtenir une foule de renseignements (malheureusement, il n'est plus disponible). On fixe sur l'écliptique des trombones de couleur représentant le Soleil et les planètes. Il suffit ensuite de le placer dans la position désirée pour savoir où va se coucher le Soleil, quelles planètes seront visibles le soir…

– *Le parapluie des constellations.* L'idée en est simple : on reproduit sur un parapluie transparent les constellations, l'équateur, l'écliptique. L'axe du parapluie représente l'axe de la Terre et son inclinaison est réglable en fonction de la latitude. On imagine l'observateur au centre du disque horizontal.
On peut placer un soleil sur l'écliptique pour reproduire ainsi ses mouvements apparents. On peut aussi observer quelles sont les constellations visibles un jour donné. Ce parapluie a été développé par Denise Wacheux, elle aussi du CLEA. On peut le fabriquer soi-même ou l'acheter tout fait.

– *Le Célescope.* Il ressemble quelque peu au Cinéciel mais en plus élaboré, d'abord parce qu'il est motorisé, ensuite parce qu'on peut le faire fonctionner de deux manières : soit on fait tourner le ciel, le Soleil, la Lune et les planètes, autour de l'observateur, soit on fait tourner la Terre sur elle-même. On voit ainsi l'équivalence des deux modèles. Le Célescope reste cependant géocentrique.
Des accessoires permettent aussi de visualiser la trajectoire du Soleil au cours de la journée, de voir sa hauteur à midi…

– *Le planétarium.* Plusieurs grandes villes françaises (encore trop peu) sont équipées d'un planétarium fixe. Il existe aussi de nombreux planétariums transportables qui peuvent être déplacés dans les établissements scolaires. On peut se renseigner auprès de l'Association des Planétariums de Langue Française à l'observatoire de Strasbourg.
Tous les planétariums permettent de simuler le mouvement apparent du Soleil à différentes dates et en différents lieux de la Terre. Très utiles pour comprendre les saisons, ils donnent eux aussi une vue géocentrique du monde. Une séance de planétarium doit être complétée par une approche héliocentrique des mouvements.

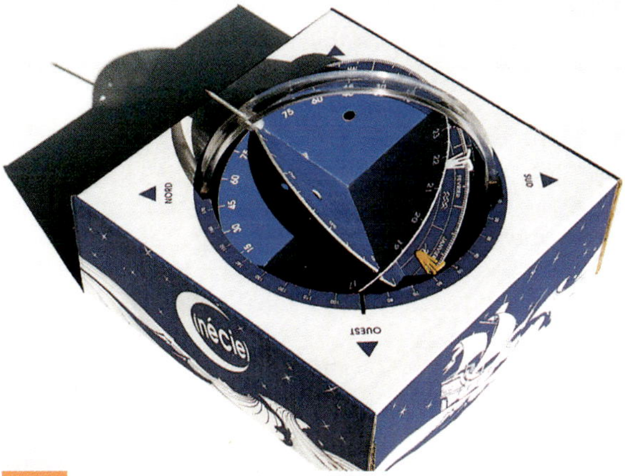

133 **Le Cinéciel.**

134 **Le parapluie des constellations.**

135 **Le Célescope.**

Comment utiliser les maquettes géocentriques animées

– On commence par régler l'inclinaison de l'axe en fonction de la latitude ;
– on positionne ensuite le Soleil sur l'écliptique en fonction de la date ;
– on peut alors faire tourner la sphère céleste pour simuler le mouvement apparent du Soleil.

On peut ainsi obtenir de manière précise : la direction du lever du Soleil, la hauteur du Soleil à midi, la direction du coucher du Soleil.

En changeant de date, on modifie la position du Soleil sur l'écliptique ; on peut étudier alors la variation de la longueur de la journée* ou de la hauteur du Soleil à midi. En changeant de latitude, on peut s'intéresser aux mouvements apparents du ciel vus du cercle polaire, du Pôle, du tropique du Cancer ou de n'importe quel autre lieu. Il est aussi possible de placer les autres planètes et la Lune sur l'écliptique pour observer leur mouvement apparent.

Une maquette héliocentrique

La réalisation d'une maquette héliocentrique représente une courte expérience (15 à 30 minutes suivant le niveau des enfants). Elle est particulièrement utile à la fin d'une étude sur les saisons.

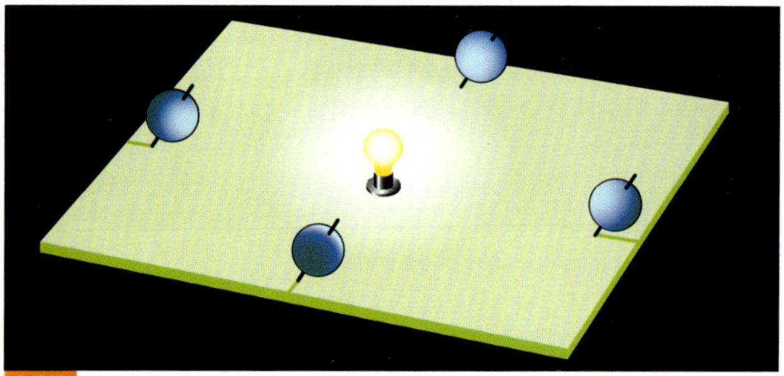

136 Le schéma d'une maquette héliocentrique représentant la Terre aux solstices et aux équinoxes.

→ Matériel nécessaire

– 1 morceau de PVC d'environ 20 à 30 cm de côté.
– 4 boules de cotillon percées diamétralement par une petite tige (allumette dont on a enlevé le bout soufré ou fil de fer).
– 4 petites étiquettes portant le nom des solstices et équinoxes.
– 1 petite ampoule montée sur une douille mignonnette.
– 2 fils électriques fixés sur la douille.
– 2 pinces crocodile.
– 1 pile plate de 4,5 V.

→ Réalisation

Il s'agit de représenter le phénomène des saisons grâce à la maquette. Pour cela, les fils sont reliés à la pile, la lampe brille et représente le Soleil. Les boules de cotillon servent à représenter les 4 positions de la Terre, au début de chaque saison, la tige schématisant l'axe de la Terre.

Les enfants doivent positionner convenablement les boules en enfonçant les tiges dans la plaque de PVC. Ces boules doivent être éclairées convenablement et devant chaque boule doit être placée l'étiquette convenable. L'exercice se déroule dans l'obscurité afin que le contraste soit plus grand.

Cette activité permet de réinvestir les connaissances acquises précédemment, à savoir, entre autres, que les quatre tiges doivent être parallèles entre elles. Les enfants retrouvent qu'en été le pôle Nord est toujours éclairé tandis qu'en hiver, c'est au tour du pôle Sud de l'être. Il est très facile de vérifier si ces notions sont bien intégrées. C'est l'occasion, en cas d'erreur, de réfléchir à nouveau sur ces phénomènes.

→ Autre maquette

Il est possible de réaliser des maquettes plus élaborées. Sur la maquette de la figure 137, par exemple, on a indiqué l'équateur et le parallèle 47° nord. La partie dans la nuit est noire. On voit ainsi l'inégalité des journées et des nuits. Un gnomon vertical est placé à midi sur le parallèle 47° nord pour montrer les variations de hauteur du Soleil.

137 Maquette représentant la Terre aux solstices et aux équinoxes.

Un globe terrestre spécial saisons

Bien qu'éloigné de la réalité par sa forme, le « globe terrestre spécial saisons » présente de nombreux avantages grâce à des faces planes, qui représentent le plan horizontal d'un lieu, et à un index, qui permet de lire des heures.

→ Matériel nécessaire

– Bristol (pour le globe, l'index et le cadran horaire).
– Bâtonnet en bois (pour l'axe).
– Un à trois rivets.

Pour le globe, on peut aussi acheter des plaques en plastique découpées aux bonnes formes et munies de fixations chez certains vendeurs de matériel pédagogique.

Pour le support :
– bloc de bois (150 mm × 80 mm × 40 mm par exemple) ;
– tube de crayon feutre ;
– un ou deux morceaux de tourillon de 70 mm environ.

→ Réalisation

Le globe et le cadran horaire peuvent être réalisés en bristol, en suivant les plans de la page suivante. Le globe est un solide constitué de 26 faces, 18 carrées et 8 triangulaires. Le bâton représente l'axe de la Terre. On colle au centre des faces nord, sud et équatoriales un rivet, dont l'ombre indiquera la hauteur du Soleil. L'axe du côté pôle Sud est muni d'un index. Le cadran horaire, gradué de 0 à 24 h, doit pouvoir être tourné pour être mis à l'heure solaire du méridien* passant par les gnomons (fig. 140). Les pieds du support sont amovibles, ce qui permet de positionner verticalement l'axe de la Terre.

→ Comment utiliser le globe

On peut, avec ce globe :
– vérifier les relevés d'ombres (pp. 83-84) ;
– observer la hauteur du Soleil à midi pour différentes latitudes et à différentes dates (p. 84) ;
– observer la direction de son lever et de son coucher (p. 85) ;
– déterminer la longueur du jour (p. 85) ;
– tracer sur une face un cadran solaire horizontal ;
– et surtout, comparer l'éclairement de deux faces adjacentes pour voir ainsi les saisons (p. 87).

Grâce aux pieds amovibles, on peut aussi montrer que, si la Terre avait son axe perpendiculaire au plan de son orbite, il n'y aurait plus de saisons.

138 **Un globe terrestre spécial saisons.** On utilisera surtout 5 faces particulières : le pôle Nord ; une région située à 45° de latitude* nord, qu'on appellera la face nord ; une région équatoriale ; une région située à 45° de latitude sud (face sud) ; le pôle Sud.

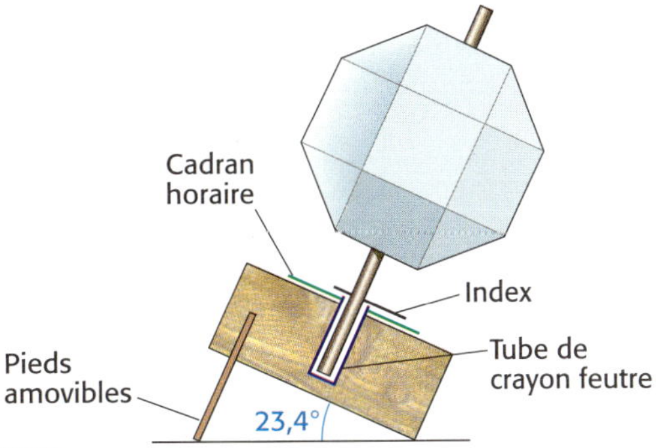

139 **Le dispositif.** Lorsque l'on fait tourner la Terre, il ne faut pas que le cadran horaire tourne aussi. Pour cela, on utilise le tube d'un crayon feutre (en bleu sur la figure), qui est inséré dans le bloc de bois en dépassant légèrement et qui sépare l'axe de la Terre du cadran.

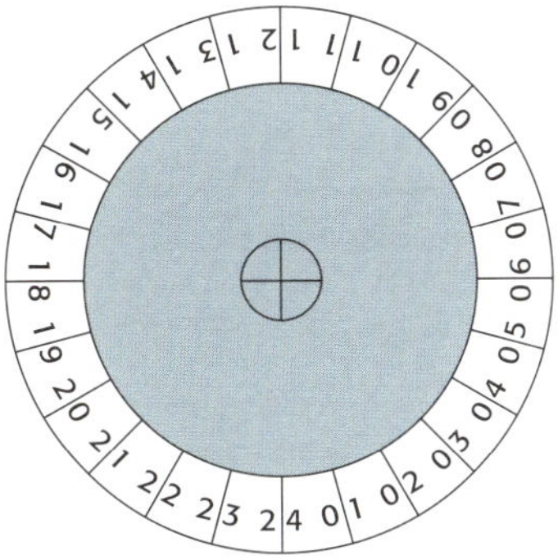

140 **Plan du cadran horaire.**

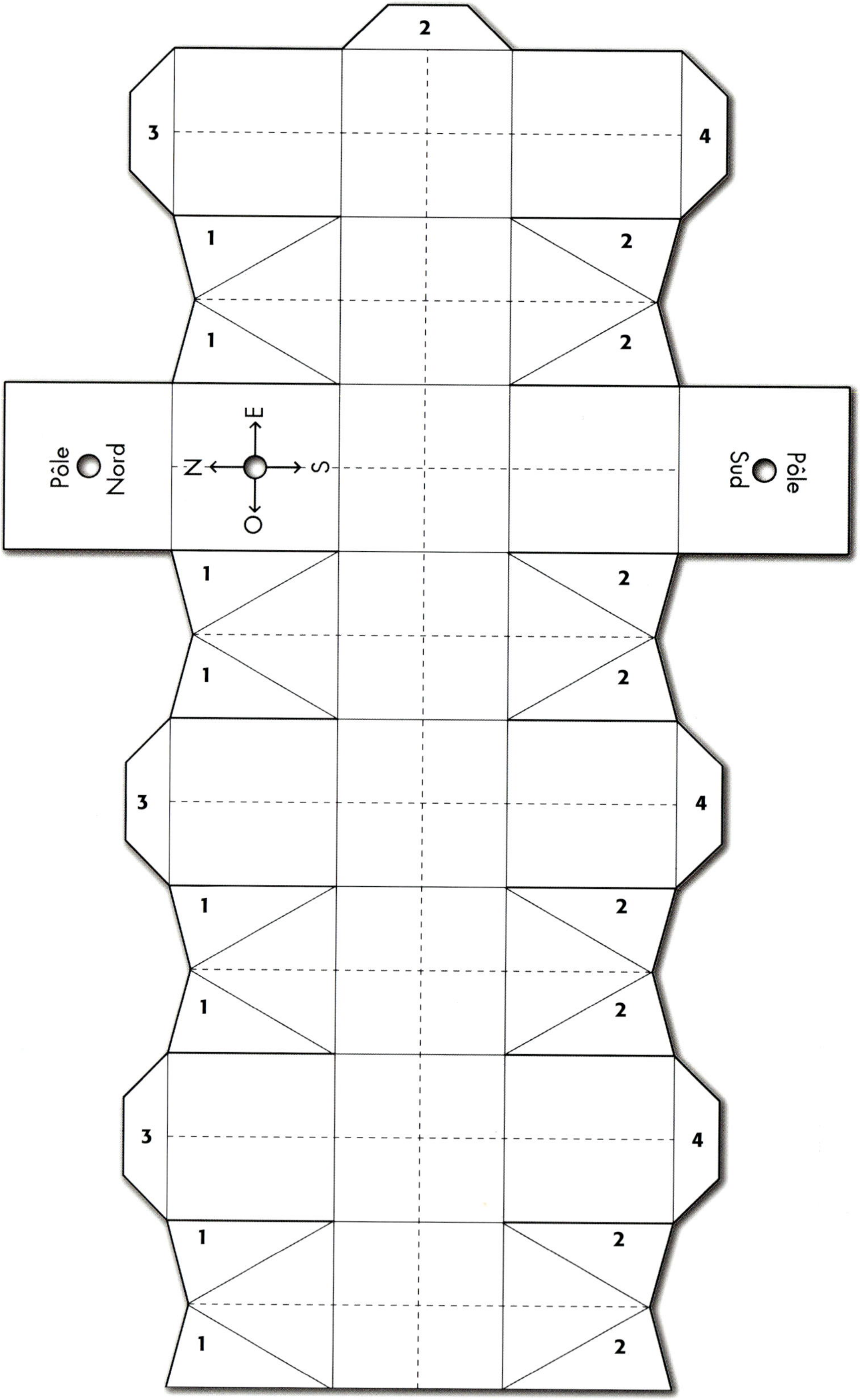

141 **Plan du globe.** Il faut découper en suivant les traits épais et plier suivant les traits fins. Les pointillés représentent l'équateur et des méridiens. Les chiffres indiquent l'ordre de collage.

Diverses expériences avec un globe terrestre

Les activités proposées ici permettent de comprendre les mouvements apparents du ciel dans un modèle héliocentrique, de manière concrète, sans recourir à des schémas, souvent abstraits pour des enfants. Il est toujours important d'avoir réalisé auparavant des observations.

→ Matériel nécessaire

– Un globe spécial saisons (voir p. 81) ou un globe classique, mais de préférence sans arceau.
La plupart des globes du commerce présentent déjà un axe incliné, ce qui impose une contrainte. On peut parfois en trouver avec un axe réglable en inclinaison.

Activité 1

– Personnage de type Lego ou Play Mobil tenant un objet allongé (canne…).
– Gommette ou étoile adhésive.

Activité 2

– Relevé d'ombres de petit format (voir p. 75).
– Projecteur de diapositives ou ampoule de 100 W (sur pied photo).

Activité 3 et 4

– Cartons d'environ 5 cm de côté.
– Rivets.
– Pâte adhésive.
– Projecteur de diapositives ou ampoule de 100 W (sur pied photo).

142 Quand on fait tourner la Terre sur elle-même, le bâton du personnage indique toujours la même direction, celle de l'étoile Polaire.

Activité 1

Trouver la place de l'étoile Polaire

Un personnage de type Lego ou Play Mobil est fixé sur le globe avec de la pâte adhésive. Il vise, avec une canne qu'il tient dans la main, une étoile dans une direction quelconque. Lorsqu'on fait tourner le globe, l'étoile ne reste pas dans le prolongement de la canne. C'est pour cela que les étoiles semblent se déplacer au cours de la nuit.

Mais où faut-il placer l'étoile Polaire pour qu'elle paraisse immobile ? Après quelques hésitations et quelques réponses fausses (qu'il suffit de tester en faisant tourner la Terre), un enfant propose rapidement de positionner la Polaire quelque part au-dessus du pôle Nord, parfois assez près. Il faut alors rappeler que les étoiles sont très éloignées. L'étoile Polaire est donc située dans le prolongement de l'axe de la Terre à une très grande distance, valant plusieurs centaines de milliards de fois le diamètre de la Terre… Avec un globe de 40 cm de diamètre, on devrait placer l'étoile Polaire à la place du Soleil pour respecter l'échelle !

L'étoile Polaire peut être représentée par une gommette fixée au plafond dans le prolongement de l'axe de la Terre. Elle paraîtra fixe pour notre observateur si l'on fait tourner la Terre sur elle-même (fig. 142). Cette représentation est moins claire si l'on veut faire tourner la Terre autour du Soleil, l'étoile Polaire est alors beaucoup trop près, le plafond étant trop bas.

Activité 2

Expliquer la rotation de la Terre

Il faut maintenant disposer d'un Soleil. Le projecteur de diapositives est souvent utilisé, mais il n'éclaire que dans une direction et il faut le faire tourner sur lui-même quand on fait se déplacer la Terre, ce qui est gênant. Le plus pratique est d'utiliser une ampoule électrique d'une centaine de watts, d'un assez grand diamètre si possible, qui éclaire dans toutes les directions. On peut la fixer sur un pied photo, ce qui permettra de la régler facilement à la même hauteur que le centre de la Terre. On aura besoin alors de faire

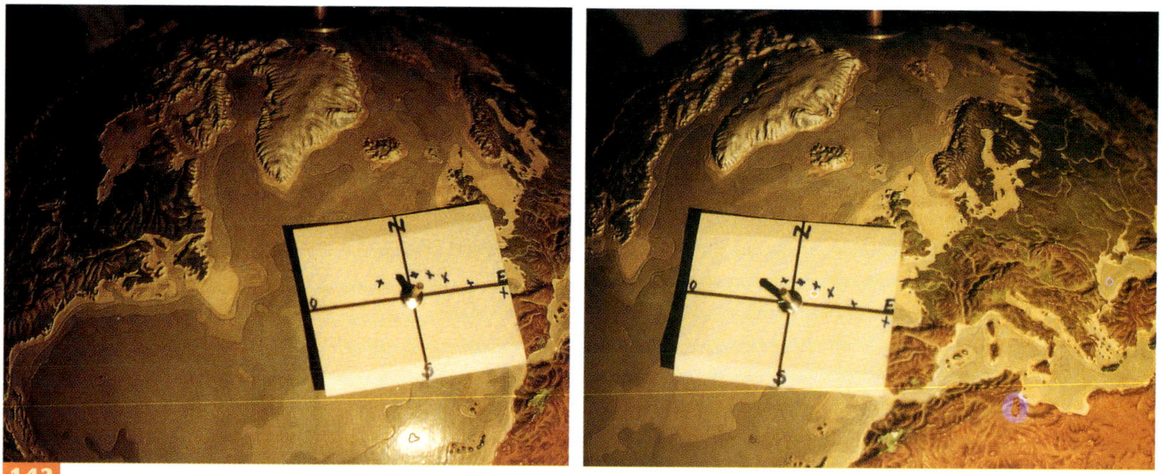

143 **En faisant tourner la Terre sur elle-même, on reproduit exactement le relevé d'ombres réalisé à l'extérieur.**

l'obscurité dans la pièce pour observer les parties éclairées de la Terre et les parties dans l'ombre.
Pour expliquer le jour et la nuit, on peut faire tourner le Soleil autour de la Terre ou la Terre sur elle-même, les deux modèles étant équivalents (notons que si le Soleil devait faire le tour de la Terre en 24 heures, à une distance de 150 millions de km, il devrait se déplacer à plus de 10 000 km/s…).
Il est intéressant d'utiliser un relevé d'ombres de petit format (voir page 75). Avec de la pâte adhésive, on le fixe sur le globe à la latitude où il a été réalisé (photo 143). On positionne le Soleil de telle manière que l'ombre de la tige corresponde avec le premier tracé du relevé. Ensuite, soit on fait se déplacer le Soleil pour que les tracés suivants correspondent, soit on fait tourner la Terre sur elle-même, sans bouger le Soleil, et on retrouve exactement les tracés suivants. Les enfants sont en général assez surpris que cela « marche » si bien.

Activité 3

Simuler la hauteur du Soleil à midi
Pour simuler la hauteur du Soleil à midi*, on utilise deux petits gnomons du même type que les précédents mais sans relevé d'ombre ici. Les points cardinaux seront indiqués dessus (fig. 144).
On les fixe sur le globe à la même longitude*, donc sur le même méridien*, l'un à 45° de latitude nord, l'autre à 45° de latitude sud, le nord étant dirigé vers le pôle Nord.

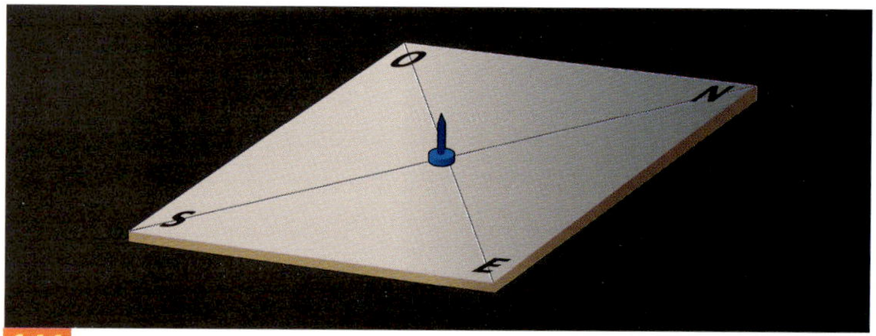

144 **Préparation du gnomon.**

145 **À gauche, on observe que le Soleil est plus haut dans l'hémisphère nord (ombre plus courte) que dans l'hémisphère sud (ombre plus longue) : c'est le 21 juin. À droite, c'est l'inverse, nous sommes en décembre.**

Le globe et le Soleil sont placés en position été (pôle Nord éclairé), à midi pour les cadrans (ombre du clou sur le méridien). On observe les longueurs des ombres : l'ombre est plus petite dans l'hémisphère nord, donc le Soleil est plus haut que dans l'hémisphère sud. On déplace ensuite la Terre pour l'amener 6 mois plus tard, de l'autre côté du Soleil, sans modifier l'orientation de son axe. On obtient cette fois le pôle Nord dans la nuit, le pôle Sud éclairé et, à midi, l'ombre du gnomon est plus petite dans l'hémisphère sud (photo 145).
En annexe sont proposés des exercices pour mesurer la hauteur du Soleil à partir de schémas et de calculer cette même hauteur à partir de données chiffrées.

Activité 4

Mesurer la longueur de la journée

Pour montrer que les journées sont plus longues en été, on garde le même matériel que précédemment, avec un gnomon dans chaque hémisphère. Le globe étant en position été, on fait tourner la Terre d'ouest en est. On peut vérifier que le cadran de l'hémisphère nord sort de la nuit avant le cadran de l'hémisphère sud et que, le soir, il passe dans la nuit plus tard. Les journées* sont donc plus longues dans l'hémisphère nord que dans l'hémisphère sud. On obtient la situation inverse 6 mois plus tard, en passant le globe de l'autre côté du Soleil.
Si l'on a construit le globe spécial saisons avec son cadran horaire, on peut mesurer la longueur de la journée de manière relativement précise, pour une latitude de 45° et à une date quelconque. Il est facile de positionner le globe aux solstices. Pour d'autres dates, il faut tracer un grand cercle centré sur le Soleil, que l'on gradue en mois. Quand on place la Terre sur une date quelconque, il faut faire en sorte que son axe ait la bonne direction. Pour cela, il suffit de veiller à ce que le support du globe ait toujours la même orientation.
Pour régler le cadran horaire, on tourne le globe, de façon à ce que l'ombre des gnomons soit sur l'axe nord-sud. On règle alors le cadran sur midi (heure solaire des gnomons). Pour déterminer l'heure du coucher* de Soleil, on tourne à nouveau pour que le plan horizon passe dans l'ombre : on lit alors l'heure sur l'index. On obtient de la même manière l'heure du lever le matin et on calcule la durée de la journée (fig. 146).
En annexe 10 est proposé un exercice pour calculer la durée de la journée aux solstices.

Activité 5

Trouver la direction des levers et couchers de Soleil

Si on a représenté les points cardinaux sur le carton muni du gnomon, on peut lire facilement la direction du lever ou du coucher du Soleil à n'importe quelle date.
Sur la figure 146, par exemple, on vérifie que le Soleil se lève au nord-est au début de l'été. On obtient de la même manière les directions de lever et de coucher de Soleil aux solstices et équinoxes.

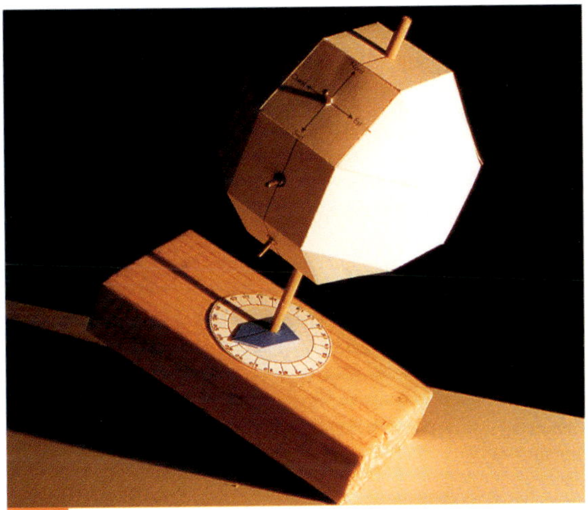

146 La Terre en position solstice d'été. Le cadran horaire a été réglé. Le Soleil va se lever. On lit l'heure indiquée : environ 4 h 30. Pour l'heure du coucher, on trouvera 19 h 30. Ce qui donne une journée de 15 heures.

7 Expliquer les variations de température

Il fait plus chaud en été qu'en hiver, parce que les journées* sont plus longues mais surtout parce que le Soleil est plus haut dans le ciel. Comment expliquer simplement le rapport entre hauteur du Soleil et température ? Certaines expériences permettent de mesurer des températures, d'autres des luminosités, souvent plus faciles à évaluer. On comprend aisément que si le Soleil éclaire plus, il chauffera davantage.

Évaluer la luminosité

Quelques expériences à l'œil nu

→ Matériel nécessaire

- Une lampe de poche ou un projecteur de diapositives ;
- Une feuille ou un globe spécial saisons.

→ Avec une lampe de poche

Avec une lampe de poche, on peut vérifier qu'une feuille blanche éclairée « de face » (les rayons étant perpendiculaires à sa surface) est plus lumineuse que si elle est éclairée « de biais ». Ce n'est pas toujours évident à discerner. Quand on fait l'expérience, il faut veiller en particulier à ce que la distance de la lampe au centre de la feuille soit constante.

→ Avec un projecteur de diapositives

L'essai est plus concluant avec un projecteur de diapositives, qui éclaire la feuille de manière plus homogène, et une feuille de bristol pliée. Les parties perpendiculaires aux rayons lumineux paraissent nettement plus claires que les parties éclairées de façon oblique.

→ Avec le globe spécial saisons

Avec le globe spécial saisons décrit page 81 et une lampe, on peut comparer facilement l'éclairement de deux faces adjacentes, correspondant au plan horizontal de deux lieux différents. Plusieurs tables permettront de déposer le globe en différentes positions. La lampe-Soleil devra être à la même hauteur. On peut par exemple la fixer sur un pied photo réglable.

Sur les photos 149 à 151, le plan de l'orbite de la Terre est représenté horizontalement. Notre solide-Terre est éclairé par une ampoule de 100 W. En le plaçant dans différentes positions et en veillant à garder son axe dans la même direction, on observe des différences d'éclairement des faces équatoriales, nord et sud, qui permettent de comprendre les saisons.

Remarque : on peut commencer l'expérience en mettant l'axe de la Terre vertical et vérifier alors que l'éclairement d'une face donnée est constant et ne dépend pas de la saison.

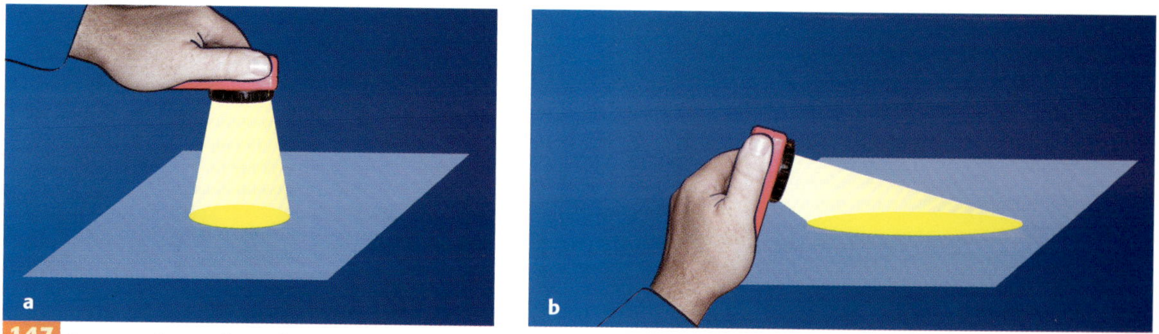

147 **Avec une lampe de poche.** Dans la situation **a**, la feuille est éclairée de face ; elle est plus lumineuse qu'en **b**.

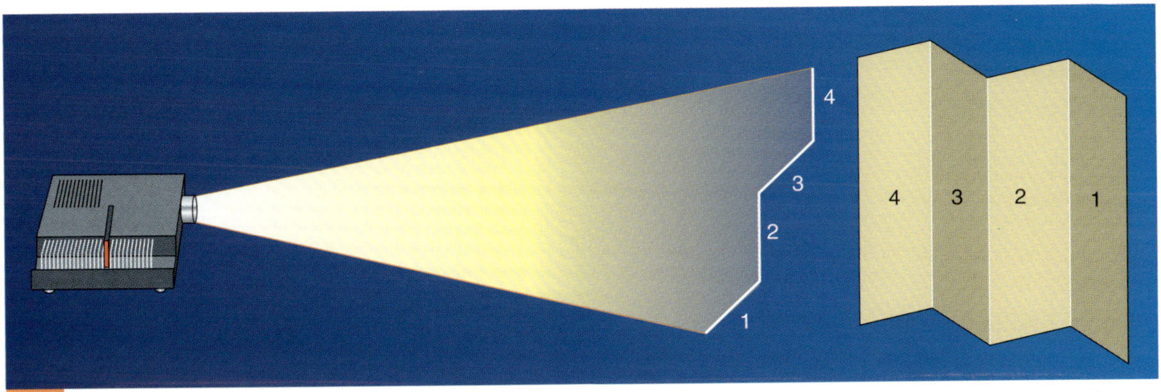

148 **Avec un projecteur de diapositives.** Les parties 2 et 4 de la feuille, éclairées de face par le projecteur, sont plus lumineuses que les parties 1 ou 3.

149 **La Terre en position solstice d'été.** Les faces nord et équatoriale semblent éclairées de manière identique, alors que la face sud est nettement plus sombre : c'est l'été au Nord et l'hiver au Sud.

150 **La Terre en position équinoxe de printemps.** Les faces au nord et au sud sont de même luminosité.

151 **La Terre en position solstice d'hiver.** La face nord est plus sombre que la face sud : c'est l'hiver.

Des expériences avec un luxmètre

Avec un luxmètre et une source lumineuse, on peut montrer simplement que l'éclairement varie de manière importante quand la hauteur h du Soleil au-dessus de l'horizon change. Ce type d'activité peut être réalisé à partir de la classe de troisième. La hauteur h est représentée par l'angle que fait la direction de la source lumineuse avec le plan de la feuille éclairée. Si l'on fait varier h de 20° à 66°, ce qui correspond à la hauteur du Soleil à midi* aux solstices, on obtient un écart d'éclairement 1 à 2,5 environ. Si on veut être plus précis, on peut aussi vérifier expérimentalement que l'éclairement est proportionnel à $\sin h$. Cette relation s'explique aisément (voir p. 110).
On pourra utiliser un luxmètre de laboratoire ou en construire un en utilisant une photorésistance et un ohmmètre. Le montage est décrit plus loin.

➜ Matériel nécessaire

- Une lampe de poche
  ou un projecteur de diapositives.
- Un luxmètre.
- Une règle graduée.
- Un rapporteur.
- Un carton noir.
- Une planchette sur laquelle on pose un écran (genre carton clair).

➜ Avec une lampe de poche

Une lampe de poche est pointée vers une feuille blanche. On modifie l'inclinaison de la lampe tout en s'efforçant de rester à la même distance de celle-ci. On observe que l'éclairement mesuré décroît quand on diminue la hauteur *h*.
Le tableau 153 présente un exemple de mesures. On vérifie que *E* décroît avec *h* mais la relation « $E/\sin h$ = constante » n'est pas vraiment vérifiée avec cette méthode très approximative.

➜ Avec un projecteur de diapositives

Le luxmètre mesure la lumière reçue d'un écran placé face à un projecteur de diapositives. Il faut mettre le luxmètre à l'ombre du projecteur en interposant un carton noir et veiller à ce qu'il ne se déplace pas par rapport à l'écran pendant l'expérience. Un rapporteur permet de mesurer l'angle h sous lequel arrive le faisceau lumineux. Pour déterminer cet angle, il suffit de tenir un carton vertical passant par le centre du rapporteur de telle manière que son ombre soit un simple trait vertical. On l'enlève pour les mesures d'éclairement. Plusieurs mesures sont réalisées en faisant varier l'orientation de l'écran.
Le tableau 155 présente des exemples de mesures réalisées avec le luxmètre simplifié décrit ci-dessous. L'éclairement *E* semble bien proportionnel à sin *h*.
On peut également ne faire que deux mesures avec *h* valant 20° et 66°, les hauteurs du Soleil à midi à Dijon aux solstices d'hiver et d'été. On obtient alors 0,34 et 0,86. L'éclairement est multiplié par 2,5. On comprend mieux ainsi l'importance de la hauteur du Soleil dans le phénomène des saisons.

➜ Construire un luxmètre

On peut également construire soi-même un luxmètre pour 15 francs. Il suffit d'acheter une photorésistance (de type LDR IOM), que l'on branche aux bornes d'un ohmmètre. Sa résistance R varie en fonction de l'éclairement *E*. On peut vérifier que R est une fonction affine de $1/E$.
Le principal problème est l'étalonnage. On sait que si on double la distance source lumineuse-écran, la surface à éclairer est 4 fois plus grande (fig. 157). L'éclairement est alors divisé par 4. On peut effectuer deux mesures, l'une à 1 mètre du projecteur (résistance R_1), l'autre à 2 mètres (résistance R_2). Il suffit de déterminer la fonction affine reliant $1/E$ à R (ou l'équation de la droite) ; elle est de la forme $1/E = a\,R + b$, avec, d'après le tableau 158 : $a = \Delta(1/E)/\Delta(R) = 3\,(R_2 - R_1)$. La formule s'écrit alors : $1/E - 1 = a\,(R - R_1)$.
On peut fournir soit la formule soit un tableau de correspondance entre *E* et *R*. On effectue ensuite les mesures de résistance en se plaçant à 1 mètre et en faisant varier *h*.

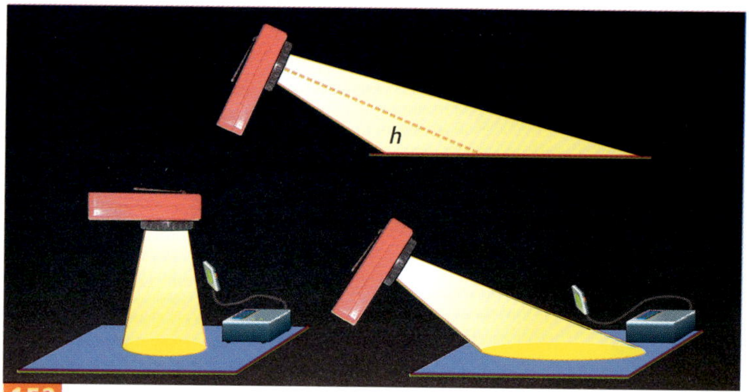

152 Principe de l'expérience avec un luxmètre. L'éclairement *E* est mesuré en fonction de l'angle *h*.

h en degrés	*E* en lux	*E*/sin *h*
90	2 100	2 100
60	1 700	1 960
30	750	1 500
10	300	1 724

153 Mesures de *E* en fonction de *h* et calcul du rapport *E*/sin *h*.

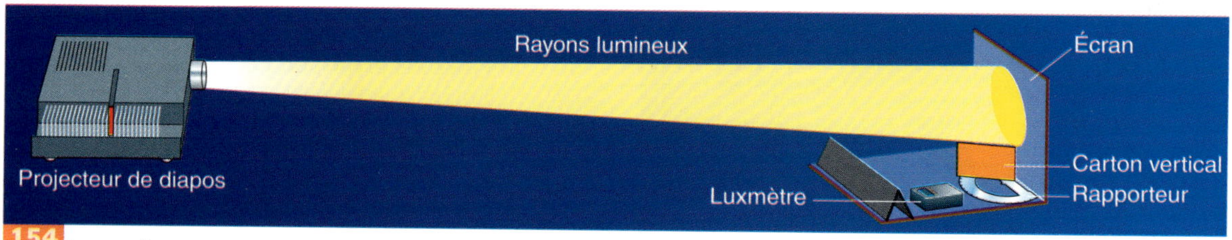

154 Le montage.

h en degrés	90	80	70	60	50	40	30	20
E	1	0,966	0,919	0,831	0,702	0,607	0,465	0,339
E/sin *h*	1	0,98	0,98	0,96	0,92	0,95	0,93	0,99

155 Mesures d'éclairement et calcul du rapport *E*/sin *h*.

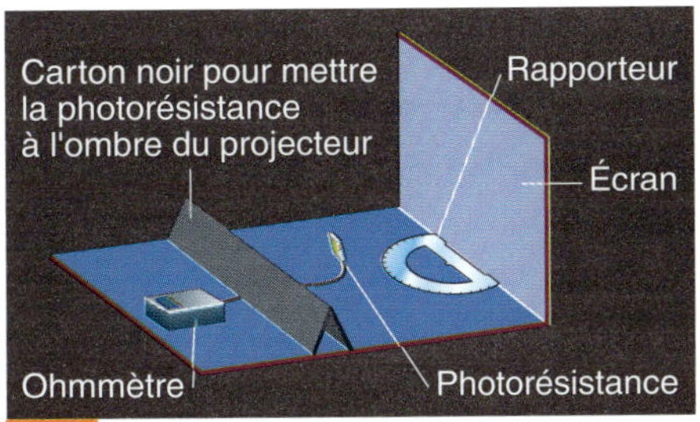

156 Un luxmètre à fabriquer soi-même.

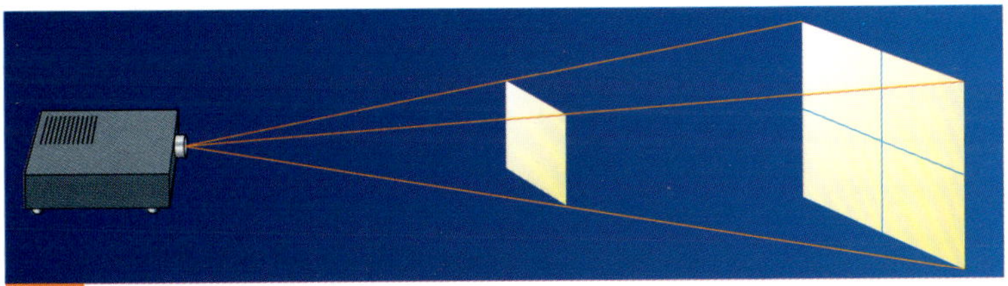

157 Distances et surfaces éclairées. Pour une distance double, la surface éclairée par le projecteur est 2 fois plus large et 2 fois plus haute, donc 4 fois plus grande.

	À 1 m	À 2 m
Résistance mesurée	R_1	R_2
Éclairement *E*	1	0,25
1/*E*	1	4

158 Données pour l'étalonnage du luxmètre. R_1 et R_2 sont mesurées. Les unités d'éclairement sont arbitraires.

Mesurer une surface éclairée sur un globe terrestre

L'expérience présentée ici permet de visualiser les variations d'énergie reçue du Soleil en fonction de la latitude* et de la date.

→ Matériel nécessaire

– Un globe terrestre.
– Un rétroprojecteur.
– Une feuille non transparente (type papier dessin noir), dans laquelle on aura percé deux trous carrés de 1 mm de côté, espacés de 2 cm (fig. 159). On peut aussi photocopier la figure 163, p. 91, sur un transparent et l'entourer de papier noir.

→ Réalisation

La feuille noire est placée sur la vitre du rétroprojecteur. La Terre doit être à la même hauteur que le miroir de celui-ci et à une distance telle que, en plaçant une tache lumineuse à la latitude de 45° nord à midi*, l'autre tombe sur le parallèle* 45° sud à midi (l'écartement des deux faisceaux à ce niveau doit être égal au rayon de la Terre multiplié par 1,3).

159 Forme de la feuille.

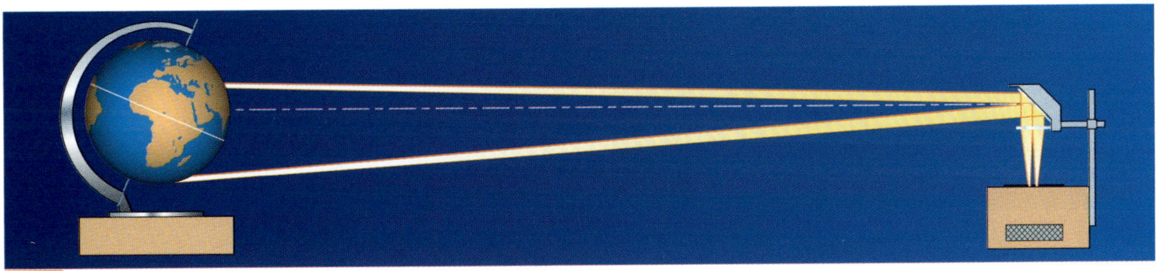

160 Le montage.

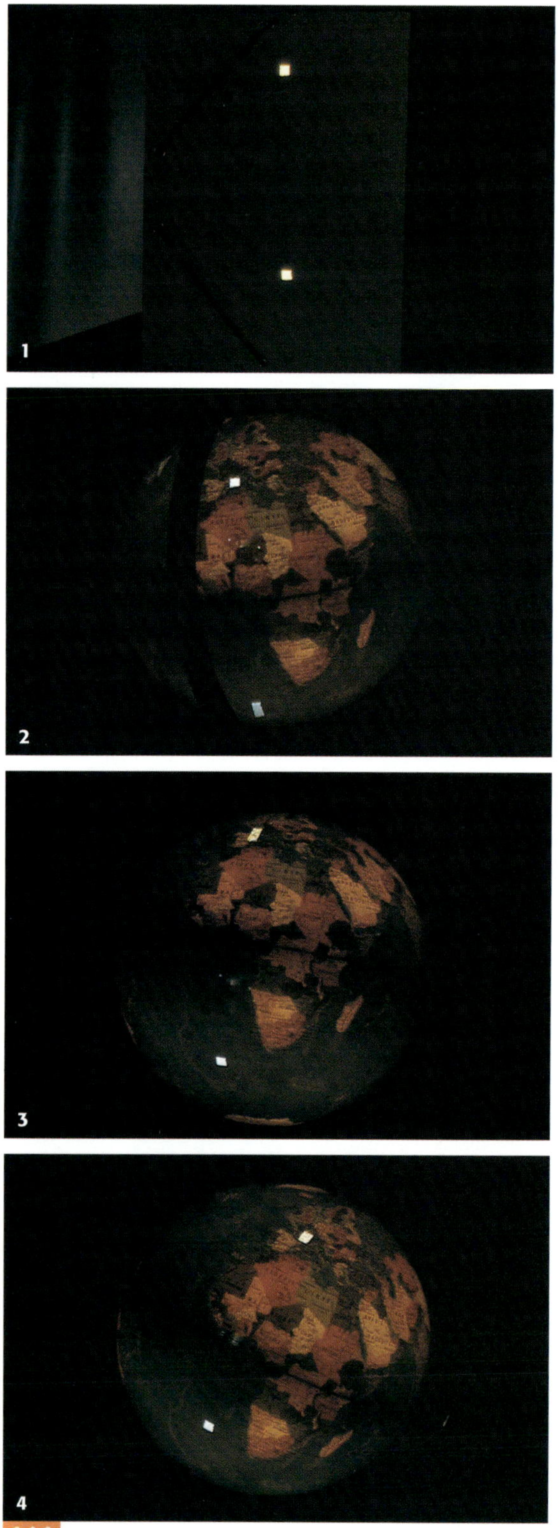

161 **1. Vérification de l'installation avec une feuille blanche. 2. Le globe en position solstice d'été. 3. Position solstice d'hiver. 4. Position équinoxe.**

→ Comment utiliser le globe

Le déroulement de l'expérience est le suivant :

1. À la place du globe, on place une feuille blanche perpendiculaire à l'axe Terre-miroir et on vérifie que les deux faisceaux ont la même section à ce niveau, section que l'on peut mesurer.

2. On place la Terre en position 21 juin, le solstice d'été dans l'hémisphère nord, donc le Pôle nord dirigé vers la lumière. Il faut ensuite positionner précisément la feuille noire sur le rétroprojecteur, de façon à ce que les faisceaux tombent sur les latitudes 45° nord et 45° sud à midi. Le réglage est délicat. On mesure la surface éclairée par chacun des deux faisceaux (on assimile ces surfaces à des rectangles).

3. On retourne le rétroprojecteur (avant de le bouger, il vaut mieux éteindre la lampe et la laisser refroidir). La Terre est déplacée de l'autre côté, à la même distance et en gardant à son axe une direction fixe. Nous sommes le 21 décembre. On règle la hauteur de la feuille pour éclairer à nouveau les latitudes 45° nord et 45° sud, puis on mesure les deux surfaces.

4. On peut mettre la Terre en position équinoxe en faisant faire un quart de tour au rétroprojecteur. La feuille devra être légèrement inclinée. On vérifie alors que l'on obtient les mêmes mesures pour les deux surfaces.

Le but de l'expérience est de montrer qu'un même faisceau de lumière en provenance du Soleil éclaire, donc chauffe, une surface plus grande en hiver qu'en été, l'écart étant presque de 1 à 3 à une latitude de 45°. Le résultat est net (tab. 162).

Pour être précis, il faudrait utiliser des faisceaux parallèles de section constante, ce qui n'est pas tout à fait le cas ici. Mais si on met une feuille perpendiculaire au rayonnement, on peut vérifier qu'en la rapprochant du rétroprojecteur d'une dizaine de centimètres, la section diminue à peine. Dans les mesures, on a d'ailleurs obtenu pratiquement la même largeur horizontale pour chaque surface éclairée. Plus la distance de la Terre au rétroprojecteur est grande, plus cet inconvénient est réduit. Si l'on dispose d'une salle suffisamment vaste, on a donc intérêt à éloigner la Terre (et à rapprocher les trous sur la feuille).

Il ne faut pas attendre de ces mesures des résultats très précis : il est en effet difficile de mesurer la longueur du rectangle éclairé en hiver, les bords n'étant pas toujours nets. Mais on a une excellente vision du problème.

Il est intéressant de relier cette expérience aux observations de la hauteur du Soleil à midi pour montrer qu'il s'agit du même phénomène : le Soleil monte moins haut dans le ciel au solstice d'hiver et un même faisceau doit chauffer une plus grande surface qu'au solstice d'été.

→ Variante

On peut remplacer la feuille percée par un transparent, sur lequel on aura tracé un quadrillage de 1 mm de côté. Cela permet de voir toute la moitié de la Terre éclairée et de faire des mesures de surface à n'importe quelle latitude. Mais l'expérience est alors plus difficile à comprendre.

	21 juin (2)	21 décembre (3)	23 septembre (4)
Latitude 45° nord	72 mm²	200 mm²	104 mm²
Latitude 45° sud	200 mm²	72 mm²	104 mm²

162 **Exemple de mesures de surface éclairée.** Sur la feuille verticale, la section éclairée mesurait 64 mm² (a).

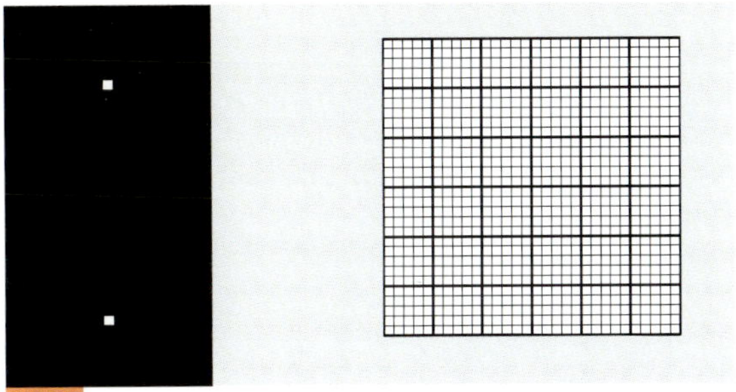

163 **Ces dessins sont à photocopier sur transparent et à coller sur une feuille de dessin noire, dans laquelle une fenêtre aura été découpée.**

Évaluer la température

Avec du chocolat

Une ampoule de 100 watts est fixée sur un bras d'une trentaine de centimètres dont l'inclinaison est réglable. Au niveau de l'axe de ce bras, on a posé une confiserie au chocolat.

164 **Le montage.**

Sur la photo 164, deux systèmes de ce type ont été installés. À gauche, la lampe est placée à 20° de hauteur, ce qui correspond à la hauteur du Soleil à midi au solstice d'hiver (à Dijon). À droite, elle est à 66° : la hauteur du Soleil de midi au solstice d'été.

On allume les deux ampoules en même temps. Au bout de cinq à dix minutes, seule la confiserie de droite a fondu.

L'expérience fonctionne très bien et est tout à fait visuelle.

Avec un thermomètre

165 **Le montage.**

On peut améliorer le dispositif précédent en remplaçant le chocolat par un cylindre métallique recouvert d'une peinture noire mate afin de mieux absorber la lumière. Un thermomètre permet de suivre l'élévation de température du métal (photo 165). Une lampe est placée à 20° de hauteur, l'autre à 66°. Les deux lampes sont allumées en même temps et l'on relève la température de temps en temps.
Exemple de mesure : la température de départ est de 24 °C. Après une heure, le cylindre chauffé par le Soleil d'hiver est à 30 °C, celui chauffé par le Soleil d'été est à 42 °C. Ce qui donne une augmentation de température de 6 °C pour le premier, de 18 °C pour le second !
On retrouve le rapport de 1 à 3 que l'on avait pour les surfaces éclairées (voir p. 28).
L'expérience est tout à fait concluante.

166 **Lorsque l'on soumet cette Terre à une source de chaleur, la couleur passe du jaune à l'orange.**

Avec des peintures sensibles à la température

Pour mesurer une température, on peut recouvrir une sphère représentant la Terre d'une peinture qui change de couleur en fonction de la température (thermocolorique). Le Soleil sera remplacé par une lampe chauffante. On peut ainsi vérifier que le phénomène des saisons est lié à l'inclinaison de l'axe de la Terre (fig. 167).
La mise en œuvre de cette vérification n'étant pas très aisée, on peut se procurer des diapositives illustrant cette expérience auprès du CLEA (annexe 12).

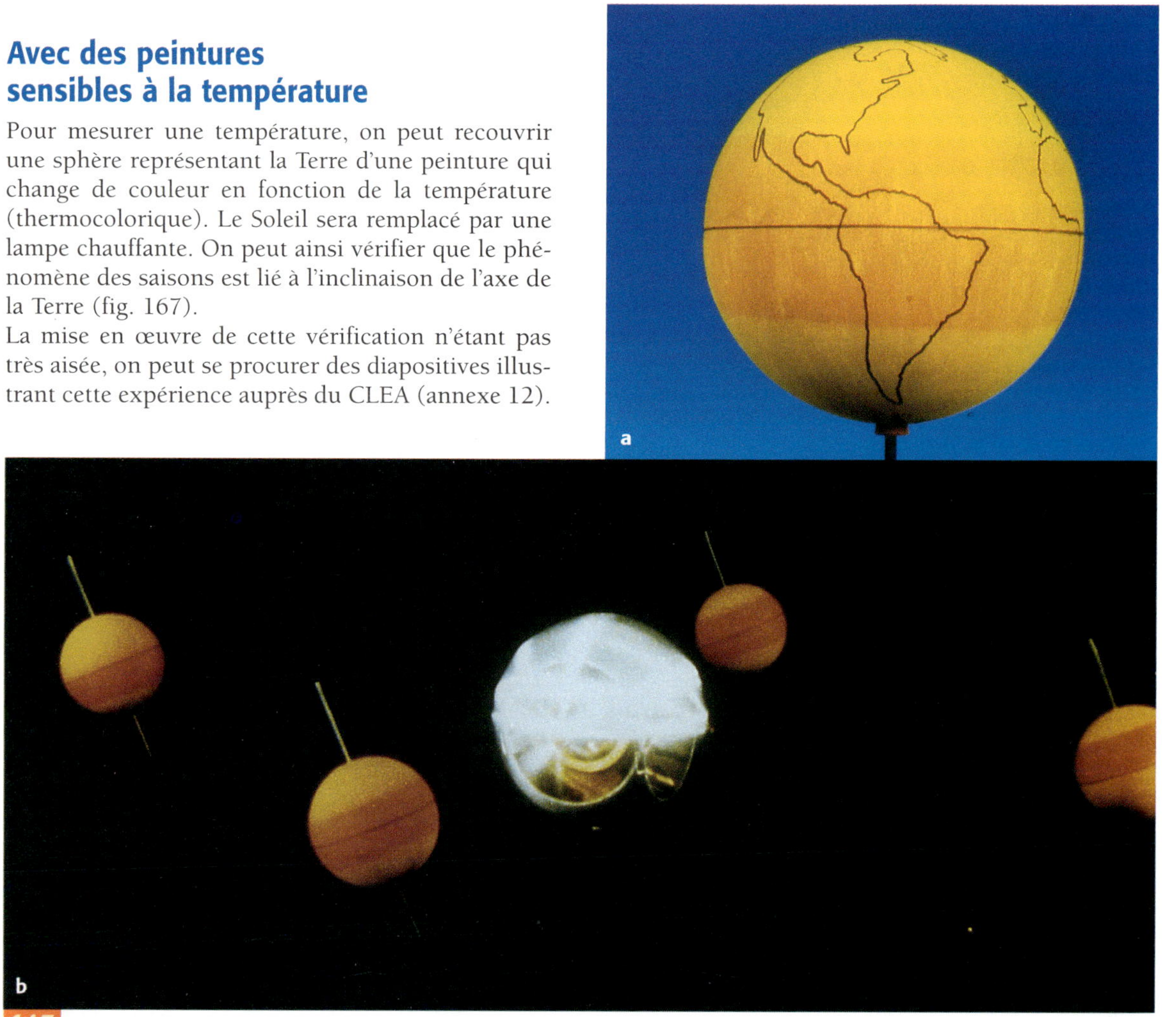

a

b

167 **Le phénomène des saisons.** Si on fait tourner la Terre sur elle-même, son axe étant perpendiculaire à la direction de la lampe, on observe que les régions équatoriales sont les plus chaudes **(a)**. En déplaçant la Terre autour du Soleil de cette manière, on n'obtient pas de saisons. Il faut incliner son axe par rapport au plan de son orbite pour retrouver le phénomène des saisons **(b)**.

8 Mesurer le diamètre apparent du Soleil

Ce dernier chapitre présente des méthodes de mesure du diamètre apparent du Soleil. Elles permettront de montrer que la distance Terre-Soleil ne varie pas de façon significative au cours de l'année.

Comment observer le Soleil

Regarder le Soleil peut être extrêmement dangereux pour la vue. Il faut soit utiliser des filtres adéquats soit l'observer par projection.
Les bons filtres doivent laisser passer une infime partie de la lumière et arrêter les ultraviolets et les infrarouges. Il en existe de différents types : Mylar, polymère noir, lame de verre recouverte d'un dépôt métallique, verre de soudeur n° 14. Méfiez-vous de tous les autres filtres qui peuvent laisser passer des infrarouges. On peut ainsi se brûler la rétine sans ressentir aucune douleur. Pour éviter tout problème, mieux vaut ne pas prolonger les expériences, ni les réaliser trop souvent.

Pour observer le Soleil par la méthode de la projection, on projette son image sur un écran blanc à travers un instrument, télescope, lunette ou jumelles, mais on ne regarde surtout pas à l'oculaire. On peut ainsi observer les taches solaires ou faire des mesures de diamètre apparent. C'est une solution sans aucun danger pour l'œil. Deux précautions à prendre cependant : il faut toujours rester à proximité de l'instrument pour éviter qu'une personne soit tentée de mettre l'œil à l'oculaire, ce qui serait extrêmement dangereux et, pour un instrument de gros diamètre, il faut diminuer l'entrée de lumière dans le télescope avec un cache.

Différentes méthodes de mesure

Plus on est proche d'un objet, plus on le voit gros. Si, comme le pensent beaucoup de personnes, on est plus près du Soleil en été, celui-ci devrait nous paraître plus gros. Les activités qui suivent consistent à mesurer le diamètre apparent du Soleil à différentes époques de l'année. Elles permettent aussi de répondre à une autre idée fausse, en faisant des mesures à différentes heures de la journée : le diamètre apparent du Soleil n'est pas plus gros à son coucher qu'à midi. Elles peuvent être réalisées à partir de la classe de quatrième.

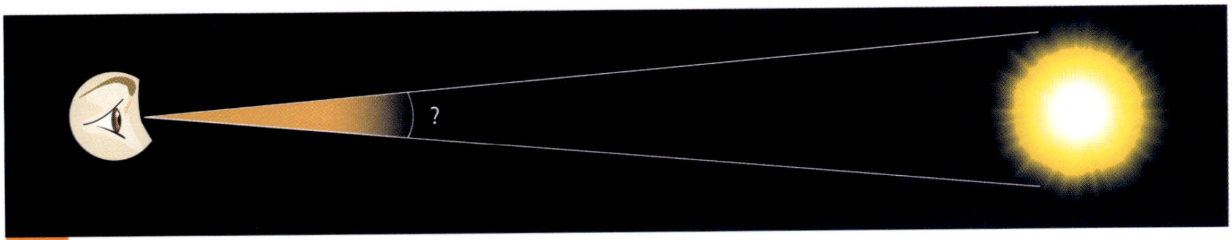

168 **Le diamètre apparent du Soleil est l'angle sous lequel on le voit depuis la Terre.**

Première méthode de mesure

→ Matériel nécessaire

– Filtre Mylar, polymère noir ou verre de soudeur n° 14.
– Cache en carton.
– Papier millimétré.

→ Réalisation

1. Le filtre est placé dans un cache en carton.
2. Sur le bord du carton, on trace une graduation en mm ou on colle un morceau de papier millimétré (fig. 169).
3. On observe le Soleil à travers le filtre bras tendu et on note la mesure (fig. 170). Pour viser sans être ébloui, on commence par mettre le filtre contre l'œil puis on tend le bras.
Il suffit de fournir un cache par enfant et chacun peut faire les mesures quand il veut.

→ Exemple de mesure

La distance œil-diapo (OA) est de 50 cm ; le diamètre du disque solaire sur le carton (AB) de 6 mm. Pour calculer le diamètre apparent, on utilise en général la trigonométrie, en assimilant OAB (fig. 171) à un triangle rectangle. Dans notre exemple :
$\tan \alpha = AB/OA = 6/500 = 0{,}012$
d'où $\alpha = \tan^{-1}(0{,}012) \approx 0{,}7°$ ou 41′.
Mais, en confondant AB avec l'arc de cercle AB de centre O, une simple proportion suffit :
$2\pi \times 50$ cm → 360°
0,6 cm → 0,7 °.
Le résultat obtenu est un peu trop grand (on donne en moyenne plutôt 0,5°).
D'autres mesures ont été faites, à midi et le soir, et à différentes dates. Aucune différence significative n'a été observée.
Avec ces simples mesures, on peut déjà conclure que le diamètre apparent du Soleil est à peu près le même : à midi et au coucher du Soleil ; en hiver et en été. La distance Terre-Soleil ne peut donc pas varier de manière importante.

169 **Le cache.** Une graduation est tracée sur le bord du carton. Elle permettra de mesurer le diamètre du disque solaire observé.

170 **Mesure du diamètre.**

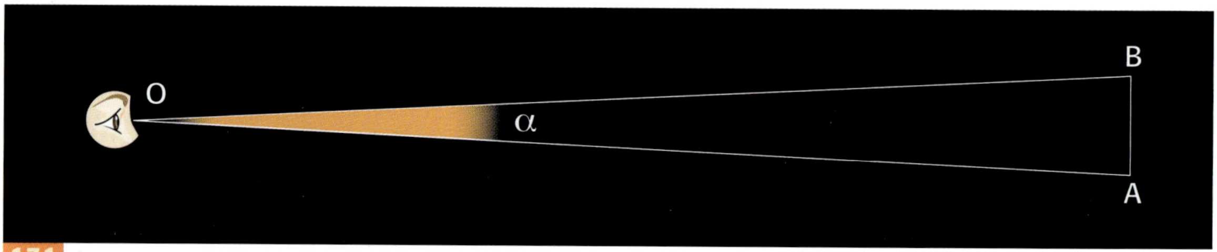

171 **De la mesure du diamètre du disque solaire AB sur la diapo, on déduit le diamètre apparent *.**

Deuxième méthode de mesure

➜ Matériel nécessaire

– Filtre Mylar, polymère noir ou verre de soudeur n° 14.
– Cache en carton.
– Papier millimétré.
– Bâton de 1 mètre.

➜ Réalisation

Pour plus de précision, le filtre dont le cadre est toujours gradué peut être disposé à l'extrémité d'un bâton de 1 mètre. Pour viser facilement le Soleil sans s'éblouir, on entoure la diapositive d'un carton opaque de 20 cm de côté.

➜ Exemple de mesure

On obtient un disque lumineux de 9 mm environ.
Calcul du diamètre apparent du Soleil :
$2\pi \times 100$ cm → 360°
0,9 cm → 0,516° ou 31′
Ce résultat est assez précis.

172 **Visée du Soleil.**

Troisième méthode de mesure

➜ Matériel nécessaire

– Lunette.
– Feuille millimétrée.
– Tablette de projection.

➜ Réalisation

Pour obtenir des mesures encore plus précises, il faut disposer d'une petite lunette qui permettra de projeter une image du Soleil suffisamment grande sur une feuille. Si on veut faire des mesures à différentes époques de l'année, il est indispensable que le grossissement soit toujours exactement le même. Il faut construire un instrument fixe, qui ne peut être déréglé, avec par exemple un objectif, un oculaire et une tablette de projection. Le diamètre de l'instrument doit être suffisant et de qualité correcte pour que l'on puisse obtenir une image du Soleil assez grosse en conservant un bord net.
On projette le Soleil sur la planchette et on mesure le diamètre de l'image.
Pour transformer une mesure en millimètre sur l'écran de projection en mesure d'angle, il faut auparavant étalonner l'appareil. Une solution possible est de viser de nuit les phares d'une voiture à l'arrêt. Connaissant leur écartement et leur distance, on en déduit l'angle et l'échelle de la projection en minute d'arc par millimètre.

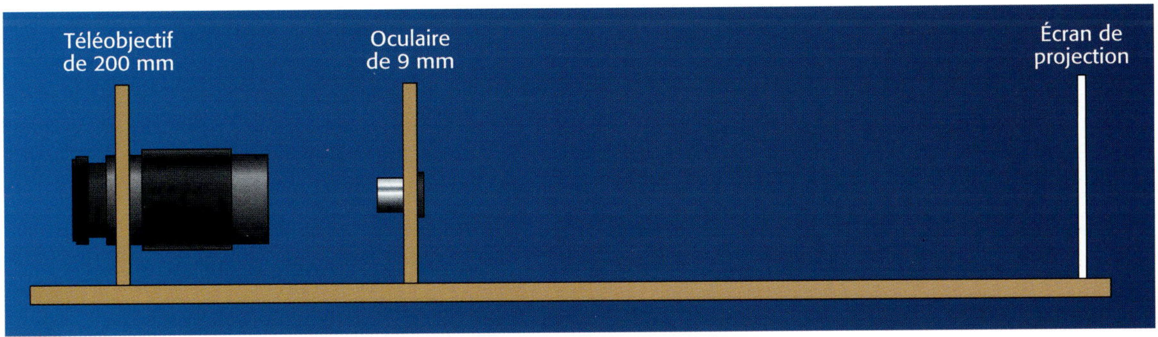

173 **Petite lunette utilisée pour les mesures de diamètre apparent.**

→ Exemple de mesure

d est le diamètre de l'image du Soleil projeté sur l'écran. α est le diamètre apparent du Soleil. Les mesures suivantes ont été réalisées.

Le 04/01/95 : $d = 85$ mm ; $\alpha = 32{,}3'$
Le 13/03/95 : $d = 84$ mm ; $\alpha = 32'$
Le 03/05/95 : $d = 83$ mm ; $\alpha = 31{,}6'$
Le 19/06/95 : $d = 82$ mm ; $\alpha = 31{,}2'$
Le 03/07/95 $d = 82$ mm ; $\alpha = 31{,}2'$.

Les éphémérides donnent un diamètre apparent du Soleil de 32,6' début janvier, à l'époque du périhélie (la Terre au plus proche du Soleil), à 31,5' début juillet à l'aphélie (la Terre au plus loin). Avec une erreur de 1 %, ces résultats paraissent tout à fait acceptables. L'erreur peut provenir aussi bien de la mesure du diamètre apparent que de l'étalonnage de l'appareil.
L'incertitude était au maximum d'un millimètre sur chaque mesure de diamètre. On mesure donc un diamètre maximum en janvier : 84 à 86 mm et un diamètre minimum en juin-juillet : 81 à 83 mm. Il apparaît nettement que le diamètre apparent du Soleil varie. Si on suppose que son diamètre réel est constant, c'est que la distance Terre-Soleil est variable.
Ainsi nous sommes plus loin du Soleil en juin ou juillet qu'en janvier, contrairement à ce que beaucoup croient. La variation mesurée est d'environ 4 % (entre 1 % et 6 % compte tenu des incertitudes).

→ Prolongement possible

Avec ces mesures de la variation du diamètre apparent, on peut s'amuser à calculer l'excentricité de l'orbite terrestre (voir l'annexe 8, p. 108 pour la définition des caractéristiques de cette orbite).
Le diamètre mesuré de l'image du Soleil est proportionnel au diamètre apparent du Soleil, qui est lui même inversement proportionnel à la distance. En notant k le coefficient de proportionnalité, on peut écrire :
$a - c = k/85$; $a + c = k/82$.
D'où $a = 1/2\ (k/82 + k/85)$ et $c = 1/2\ (k/82 - k/85)$.
En écrivant que l'excentricité est c/a, on peut simplifier la fraction et s'affranchir du coefficient k. On en déduit : $e = 0{,}018$.
Comparé à la valeur 0,017 donnée habituellement, cela semble un excellent résultat ! Mais obtenu avec de la chance car le calcul tenant compte des incertitudes donne une valeur comprise entre 0,006 et 0,030. C'est moins précis mais on a déjà un ordre de grandeur.

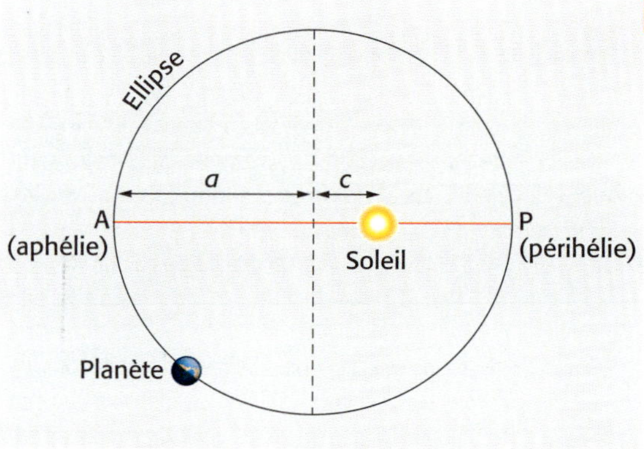

174 L'orbite terrestre. *a* est le demi-grand axe et *c* la distance entre un foyer et le centre de l'ellipse. La distance minimale Terre-Soleil est donc *a* – *c* et la distance maximale *a* + *c*.

Quatrième méthode de mesure

On peut également photographier le Soleil à différentes époques de l'année. Il faut alors disposer soit d'un télescope soit d'un téléobjectif de grande focale et se munir d'un filtre solaire adapté. Avec une focale de 200 mm, l'image du Soleil sur le négatif ou sur la diapositive n'est que de 2 mm.

Conclusion

À l'œil nu et avec un simple filtre, on peut vérifier que la distance Terre-Soleil varie peu et n'est donc pas à l'origine des saisons. Il faut une méthode plus précise pour montrer que nous sommes un peu plus près du Soleil en janvier.
Certains s'interrogent sur les variations de distance Terre-Soleil au cours de la journée. À minuit, on doit être plus éloigné du Soleil qu'à midi. La variation est en réalité minime : elle est au maximum d'un diamètre terrestre, soit 12 700 km pour une distance de 150 000 000 km, ce qui est inférieur à 0,01 % (voir p. 29) !

Complément

- Voir annexe 8, p. 108.

Annexes

Petit test

Avez-vous tout compris ?

Pour le savoir, essayez de répondre à ces quelques questions. Les réponses suivent les questions.

1. En quelle(s) saison(s) les journées sont-elles les plus longues ?
2. Que se passerait-il si l'axe de la Terre était perpendiculaire au plan de son orbite ?
3. Supposons que l'axe de la Terre bascule pour rester dans le plan de son orbite, tout en gardant une direction fixe dans l'espace, un peu à la manière d'Uranus. Imaginez les saisons.
4. Quand il est midi au Soleil à Greenwich, quelle est l'heure solaire au pôle Nord ?
5. Si la Terre était au plus près du Soleil en juin, qu'est-ce qui changerait ?
6. Le 21 décembre à minuit, je vois le Soleil à l'horizon. Où suis-je ?

Vrai ou Faux ?

7. Dans l'hémisphère Sud, le Soleil se lève à l'ouest pour se coucher à l'est.
8. Au pôle Nord, il fait nuit pendant exactement 6 mois, puis jour pendant 6 autres mois.
9. Si vous voyez le Soleil briller au zénith, vous êtes forcément quelque part entre les tropiques.
10. Le Soleil apparaît plus gros à l'horizon à cause de la réfraction atmosphérique.
11. L'hiver dans l'hémisphère Sud est plus long que l'hiver dans l'hémisphère Nord.
12. Au solstice d'été, à midi, le Soleil est plus haut dans le ciel à Bordeaux qu'à l'équateur. (Latitude de Bordeaux : 44° 50'.)
13. Dans l'hémisphère sud, pendant l'hiver en juillet, le Soleil se lève vers le sud-est.
14. Le Soleil se lève à la même heure pour tous les lieux situés sur un même méridien.

Réponses au test

1. On répond habituellement « en été » mais c'est tout autant au printemps qu'en été : la journée la plus longue a lieu le 21 juin. Avant et après cette date, les journées ont la même durée, de manière pratiquement symétrique par rapport au solstice (avec cette très légère différence que l'été dure un jour de plus que le printemps).
2. Il n'y aurait plus de saisons. Le Soleil se lèverait toujours exactement à l'est pour se coucher à l'ouest. Il monterait toujours à la même hauteur à midi et les journées et les nuits dureraient 12 heures. Les mois de janvier et février seraient néanmoins un peu plus chauds, sur toute la Terre, puisque l'on est un peu plus près du Soleil début janvier.
3. Voir schéma 175.
4. Aucune réponse. Midi au Soleil correspond au passage du Soleil dans le plan du méridien. Or, au pôle Nord, tous les méridiens se rejoignent et il n'y a donc pas de plan du méridien ni de midi solaire. L'heure solaire n'a aucun sens au pôle Nord.
5. Les étés seraient plus chauds et les hivers plus froids, donc les saisons plus contrastées dans l'hémisphère nord (voir p. 47).
6. Sur le cercle polaire antarctique (voir p. 35). Si vous êtes sur le cercle polaire arctique, vous verrez le Soleil à l'horizon le 21 décembre à midi et non à minuit.

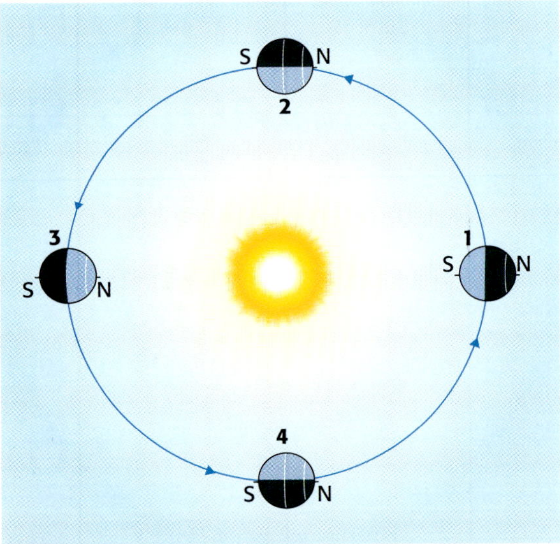

175 **Les saisons.** N = pôle Nord ; S = pôle Sud ; on a représenté l'équateur et le parallèle 47° N. En **1**, seul l'hémisphère Sud est éclairé. L'hémisphère Nord se refroidit sérieusement. En **2**, les journées et les nuits ont partout la même durée de 12 heures. En **3**, l'hémisphère Sud est dans la nuit glaciale, alors que l'hémisphère Nord reste constamment éclairé. Pour ses habitants, le Soleil semble tourner au-dessus d'eux en restant à la même hauteur. En **4**, la situation est la même qu'en **2**. Dans une telle configuration, les différences de température entre l'hiver et l'été seraient très grandes.

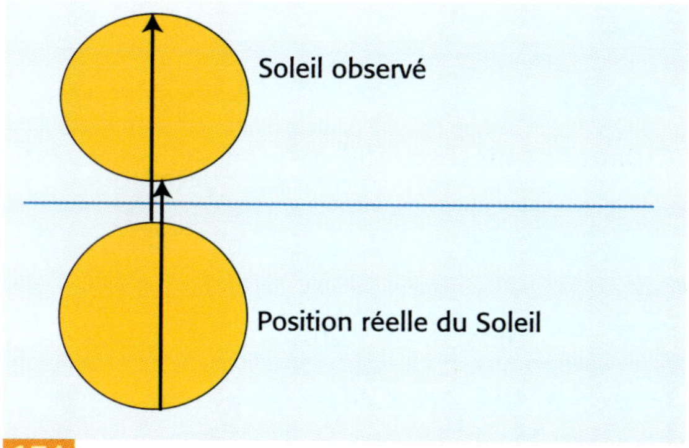

176 **Le Soleil à l'horizon.**

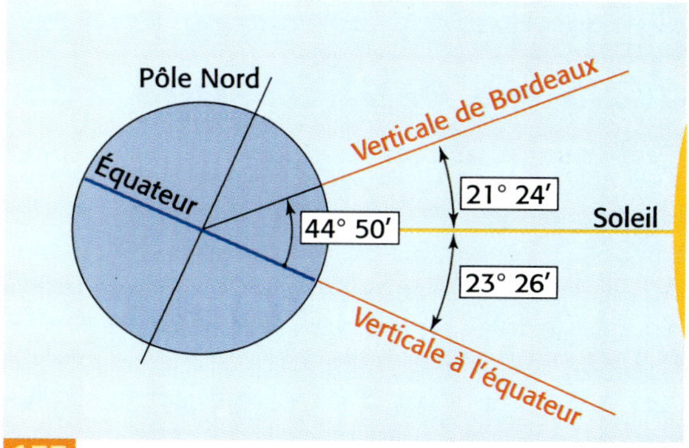

177 **La hauteur du Soleil au solstice d'été.**

7. Faux. La Terre tourne d'ouest en est et on voit le Soleil se lever vers l'est pour se coucher vers l'ouest, aussi bien dans l'hémisphère nord que dans l'hémisphère sud.

8. Inexact pour deux raisons. D'abord parce que le printemps et l'été (quand il fait jour au pôle Nord) sont plus longs que l'automne et l'hiver (voir p. 48). Ensuite parce que, à cause de la réfraction atmosphérique, le Soleil se lève au pôle Nord un peu avant l'équinoxe et se couche un peu après l'équinoxe d'automne. Ce qui donne globalement plus de 189 j pour la journée du pôle Nord contre moins de 176 j pour la nuit (sans compter l'aube et le crépuscule, très longs).

9. Vrai. Voir pp. 40-41.

10. Faux. Quand on croit voir le Soleil plus gros à l'horizon, ce n'est qu'une illusion d'optique (voir p. 30).

En réalité, il est même plus petit à l'horizon qu'au zénith car les rayons provenant du bord inférieur du Soleil sont davantage réfractés que ceux venant de son bord supérieur. Le disque solaire paraît ainsi aplati. Sa forme est d'ailleurs plus complexe que sur la figure 176.

11. Vrai, puisque l'hiver de l'hémisphère Sud correspond à l'été de l'hémisphère Nord, la plus longue des 4 saisons (presque 94 jours). Voir page 48.

12. Vrai (fig. 177). En effet, le jour du solstice d'été, la déclinaison du Soleil est de 23° 26'. Depuis l'équateur, on le verra à midi à 23° 26' du zénith, en direction du nord. Depuis Bordeaux, situé à 44° 50' de latitude, le Soleil culminera à 44° 50' – 23°26' soit 21° 24' du zénith mais en direction du sud, soit 2° plus haut qu'à l'équateur…

13. Non, vers le nord-est. On peut le vérifier figure 38, p. 28 (L3).

14. C'est vrai aux équinoxes mais faux tous les autres jours. Sur le schéma 38, page 28, on remarque que sur le méridien tracé, certains lieux sont encore dans la nuit, alors que pour d'autres il fait déjà jour.

Principales erreurs rencontrées dans les explications des saisons

1. Il fait plus chaud en été car nous sommes plus proches du Soleil.
Faux: la Terre est plus près du Soleil début janvier. Le phénomène des saisons n'a rien à voir avec la distance Terre-Soleil. Voir pages 29 et suivantes.
2. Il fait plus froid en hiver parce que les rayons en provenance du Soleil doivent traverser une plus grande épaisseur d'atmosphère et arrivent affaiblis.
Faux. Voir page 30.
3. Il fait plus chaud en été parce que les journées sont plus longues.
Insuffisant. C'est un facteur qui compte mais ce n'est pas le plus important. La plus grande hauteur du Soleil au-dessus de l'horizon est primordiale. Les deux causes, hauteur du Soleil et longueur du jour doivent être citées dans l'explication du phénomène des saisons. Toutes deux proviennent de l'inclinaison de l'axe de la Terre par rapport au plan de son orbite.
4. Il y a des saisons parce que l'axe de la Terre n'est pas vertical.
Expression fausse qui peut induire de nombreuses confusions. Une verticale est une droite qui passe par le centre de la Terre. Dans ce sens, l'axe de la Terre est vertical. On confond ici la réalité avec ses représentations: on a l'habitude de dessiner le plan de l'orbite terrestre horizontal. Dans ce type de schéma, l'axe de la Terre n'est effectivement pas vertical. Mais on peut très bien dessiner un axe de la Terre vertical et un plan de l'écliptique non horizontal, ce qui est tout aussi juste (fig. 178).
5. Les schémas dont il faut se méfier (fig. 179 à 181).

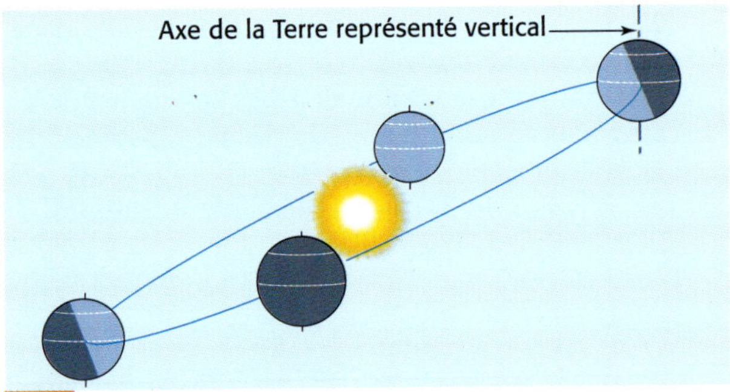

178 **Les mouvements de la Terre.** Cette représentation est tout à fait correcte, avec l'axe de la Terre dessiné vertical et le plan de l'équateur, horizontal. Le plan de l'écliptique forme un angle de 23° 26′ avec le plan de l'équateur.

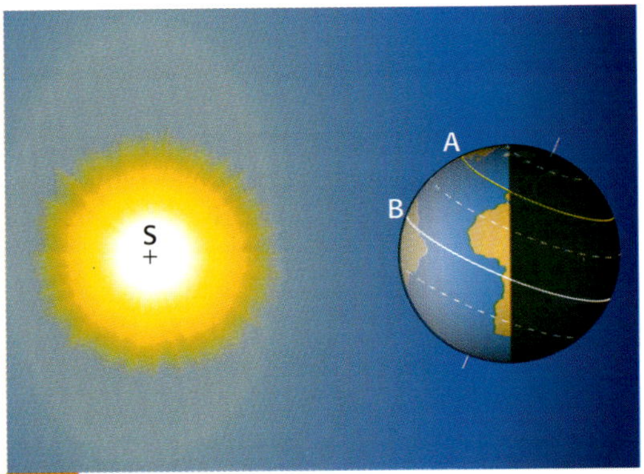

179 **Terre et Soleil énormes par rapport à leur distance** (voir p. 29).

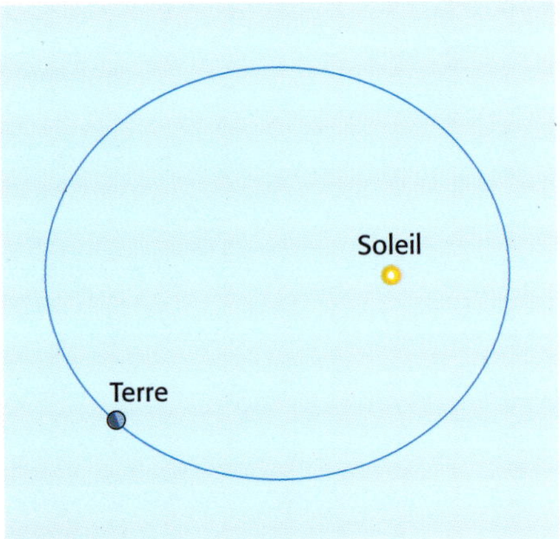

180 **Ellipse très exagérée.** L'orbite de la Terre est en réalité presque circulaire (voir pp. 46-47).

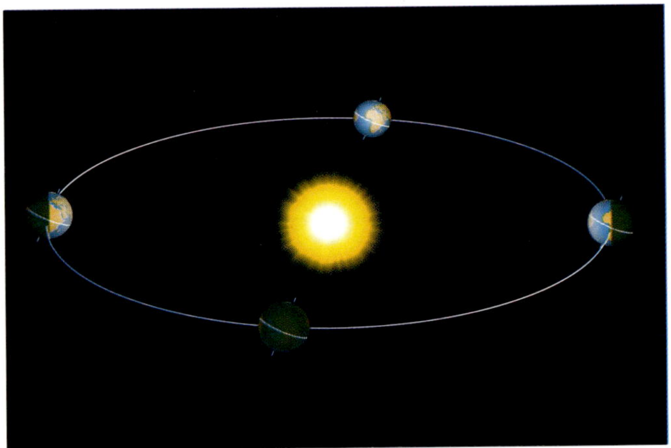

181 **Une orbite circulaire en perspective.** On peut la confondre avec une orbite elliptique centrée sur le Soleil (voir pp. 30 et 46).

Les relevés d'ombres

Le principe du relevé d'ombres est décrit page 75. Un relevé se réalise facilement au cours d'une journée. Sa première utilité est de visualiser le mouvement apparent du Soleil. Il peut aussi servir à déterminer la quantité d'énergie reçue au cours de la journée (page 110).

On peut encore l'utiliser pour repérer précisément les points cardinaux, calculer la hauteur* du Soleil et sa déclinaison, déterminer la latitude* du lieu ou mesurer l'obliquité* de l'écliptique.

Repérage des points cardinaux

On appelle A le pied du clou ou du rivet (fig. 182). La droite nord-sud passant par A est l'axe de symétrie de la courbe. Le relevé étant fait, on peut construire cet axe soit par pliage, soit en traçant un cercle de centre A qui coupe la courbe en deux points R et S. La bissectrice de RAS est l'axe nord-sud cherché.

Amélioration possible: Pour obtenir la direction nord-sud plus précisément, on peut légèrement modifier cette méthode. Au cours de la matinée, on note l'emplacement de l'ombre R. On trace ensuite le cercle de centre A passant par R. Au cours de l'après-midi, on note le point S, quand l'ombre se retrouve à nouveau sur le cercle. On peut prévoir à quelle heure cela devra avoir lieu puisque les instants de passage de l'ombre en R et en S sont symétriques par rapport au midi* solaire (voir p. 105).

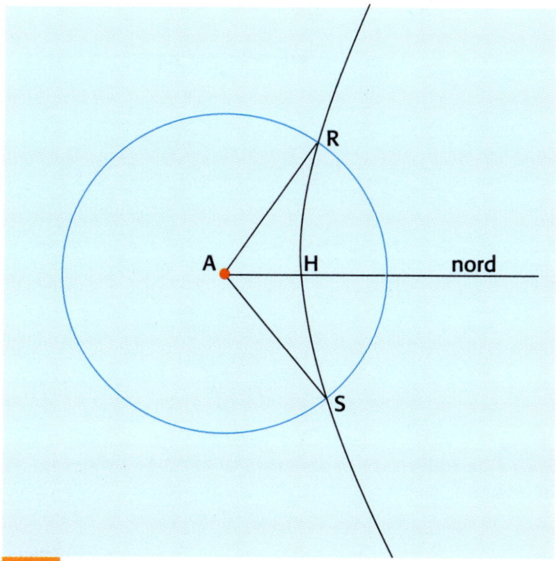

182 Détermination de l'axe nord-sud à partir du relevé d'ombres.

Pour plus de précision, le rivet peut être remplacé par un fil à plomb. On fixe sur ce fil un objet, un plomb de pêche, par exemple, dont on repérera l'ombre.

Une autre méthode, pour obtenir précisément la direction nord-sud consiste à calculer à quelle heure légale il est midi solaire (avec les formules de la page 105) et d'observer l'ombre d'un fil vertical à cette heure-là.

Calcul de la hauteur du Soleil, de sa déclinaison ou de la latitude du lieu

Une fois trouvé l'axe nord-sud, on peut mesurer AH, où H est l'intersection de la courbe et de l'axe nord-sud, c'est-à-dire la position de l'ombre à midi solaire. La hauteur h du Soleil à midi peut se mesurer avec un rapporteur ou se calculer avec la formule: $\tan h = OA/AH$ (voir la figure 183). On sait que: $h = 90° - \varphi + \delta$ (voir page 105) où φ est la latitude du lieu et δ la déclinaison du Soleil. On peut, connaissant la déclinaison (tabl. p. 107), calculer la latitude du lieu ou inversement calculer la déclinaison du Soleil en connaissant la latitude.

Si la mesure est faite à l'équinoxe, le Soleil est dans le plan de l'équateur*, sa déclinaison est nulle et la latitude du lieu est simplement le complémentaire de la hauteur du Soleil à midi.

Calcul de l'obliquité de l'écliptique

On peut également calculer la valeur de l'obliquité de l'écliptique. Pour cela, il faut déterminer la hauteur du Soleil à midi au solstice d'hiver (h_1) et au solstice d'été (h_2) à l'aide de deux relevés d'ombre. L'exercice de la page 114 ou le premier paragraphe de la page 105 montrent que:

$h_1 = 90° - \varphi - \varepsilon$ (20° à Dijon)

$h_2 = 90° - \varphi + \varepsilon$ (66° à Dijon)

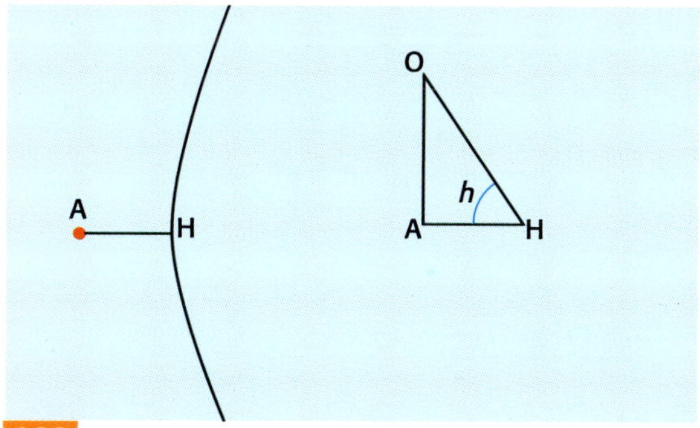

183 H est la position de l'ombre à midi. OA est le gnomon. On peut alors écrire $\tan h = OA/AH$.

La moyenne de ces deux hauteurs donnera 90° – φ, le complémentaire de la latitude (43° pour Dijon). L'écart à la moyenne donne la valeur de ε (43° – 20° ou 66° – 43°). C'est aussi la moitié de la différence des hauteurs (66° – 20°)/2.
La précision du résultat dépend évidemment de la précision des mesures. Avec la méthode de la feuille percée (voir p. 75), l'erreur doit être inférieure à 0,2°.

Les formes des relevés d'ombres

En suivant l'extrémité de l'ombre au cours de la journée, on obtient une courbe qui est une hyperbole. Quelle en est la raison ?
Sur le schéma 184, O est l'extrémité du clou. n est la direction du Pôle Nord céleste. (On) est donc parallèle à l'axe de la Terre et est l'axe du mouvement apparent du ciel pour l'observateur. La trajectoire apparente du Soleil est un cercle centré en C, sur (On). Si on joint le point O aux positions du Soleil aux différentes heures, on obtient un cône. Le relevé d'ombres correspond à l'intersection de ce cône avec la planchette.
On sait que l'intersection d'un cône et d'un plan est ce qu'on appelle une conique, c'est-à-dire une hyperbole, une parabole ou une ellipse. Si on est situé entre les cercles polaires, on obtient une hyperbole avec une planchette horizontale. Au nord du cercle polaire, on peut trouver une ellipse, quand le Soleil ne se couche pas.
Aux équinoxes, le Soleil est dans le plan de l'équateur. Les segments joignant le Soleil au point O sont dans ce plan. Et comme l'intersection de deux plans est une droite, on trouve des points alignés (fig. 185).
Au printemps et en été, le Soleil est au-dessus de l'équateur (sa déclinaison est positive). On obtient un arc d'hyperbole courbé dans l'autre sens (fig. 186).

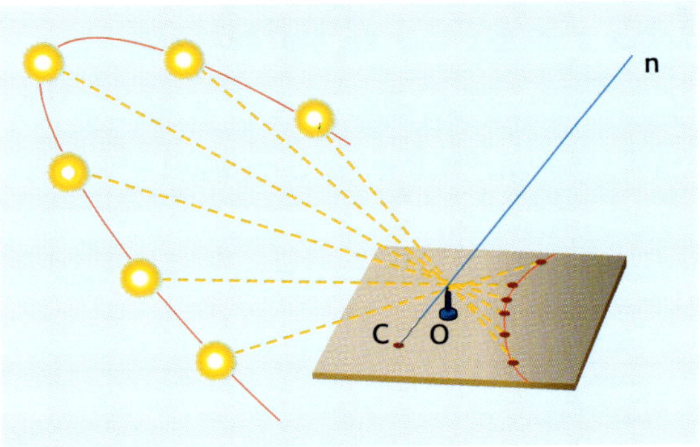

184 **L'extrémité de l'ombre du gnomon décrit une hyperbole.**

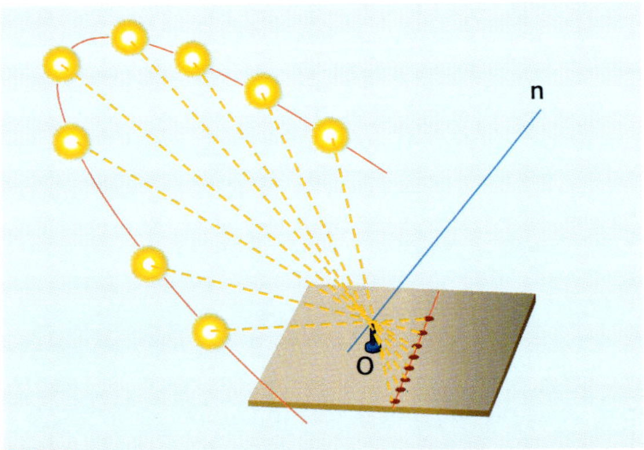

185 **L'ombre du gnomon suit une droite aux équinoxes.**

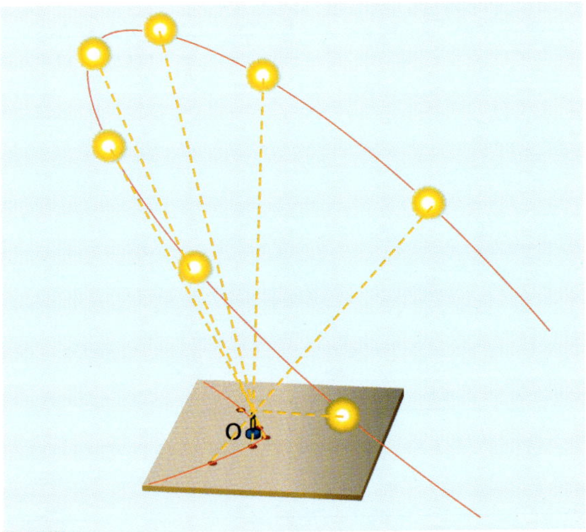

186 **La trajectoire apparente du Soleil au printemps et en été.**

Les coordonnées d'un astre

On peut repérer un astre à l'aide de divers systèmes de coordonnées qui peuvent être liés ou non à l'observateur. On ne considère pas ici la distance de l'astre mais uniquement sa direction, qui est donnée par des mesures d'angles.

1. Coordonnées horizontales

Étant liées à la verticale, elles dépendent du lieu d'observation. La hauteur de l'astre M au-dessus de l'horizon est l'angle h, compté en degrés. On donne aussi parfois la distance zénithale z qui vaut 90°– h. L'azimut a est l'angle que fait le plan vertical contenant M avec le plan vertical Nord-Sud. Les astronomes le comptent à partir du Sud et dans le sens indirect (sens des aiguilles d'une montre).

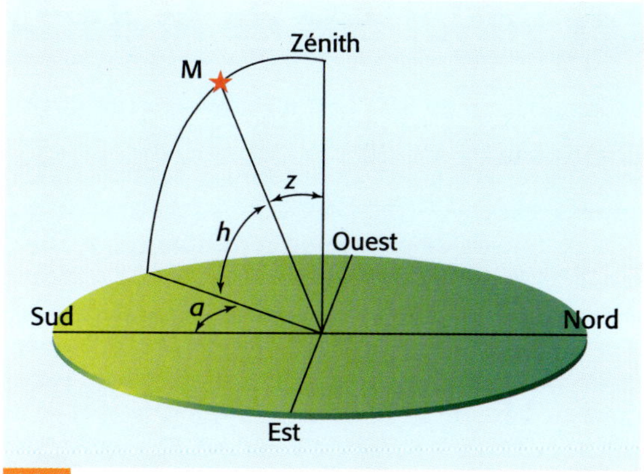

187 **Les coordonnées horizontales.**

2. Coordonnées équatoriales

Ce sont les plus utilisées en astronomie. Elles correspondent aux notions de latitude et longitude sur Terre et sont indépendantes de l'observateur. On représente les étoiles sur une sphère entourant la Terre. Le plan équatorial terrestre coupe cette sphère suivant l'équateur céleste. L'intersection de l'axe de la Terre avec cette sphère donne le pôle Nord et le pôle Sud célestes, notés P et S. G est le point vernal (voir la définition p. 51).

On appelle ascension droite de l'astre M l'angle $\widehat{GOA}$. On le compte de 0 à 24 h, dans le sens direct vu du Nord (1 h pour 15°). Il correspond à la longitude sur Terre. La déclinaison est l'angle $\widehat{AOM}$, mesuré en degrés positivement vers le nord et négativement vers le sud, comme notre latitude.

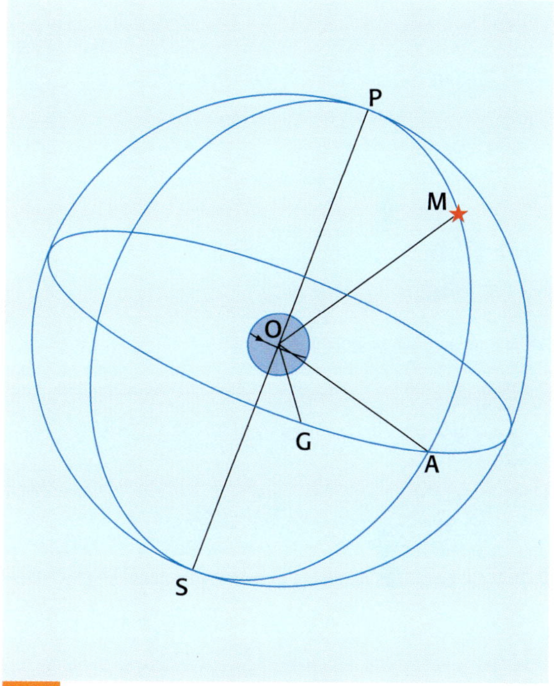

188 **Les coordonnées équatoriales.**

3. Coordonnées écliptiques

Elles sont utilisées principalement pour les planètes du système solaire. Le plan de l'écliptique (plan de l'orbite de la Terre) sert ici de plan de référence. G est toujours le point vernal.

La longitude écliptique héliocentrique de la Terre est l'angle $\widehat{GSM}$.

Pour les autres planètes dont l'orbite n'est pas tout à fait dans le plan de l'écliptique, on définit la latitude écliptique.Pour situer les planètes ou le Soleil dans le ciel, vus depuis la Terre, on utilise aussi des coordonnées écliptiques géocentriques, en transférant l'origine du repère, du Soleil à la Terre.

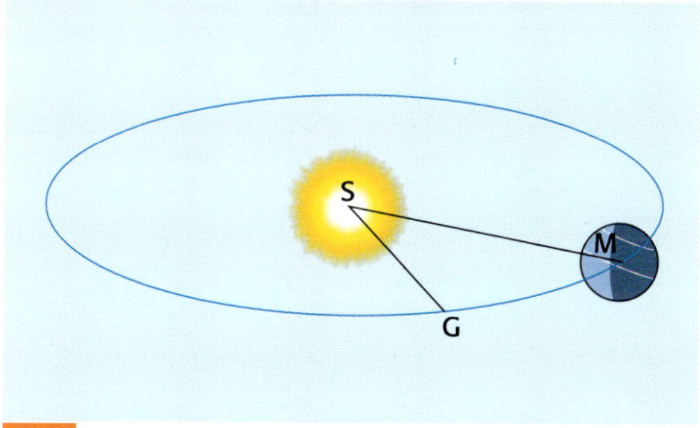

189 **Les coordonnées écliptiques.**

Les variations de la déclinaison du Soleil

La déclinaison du Soleil est mesurée par rapport au plan de l'équateur. Elle correspond à notre latitude sur Terre (voir les coordonnées équatoriales, annexe 4).

Aux équinoxes de printemps et d'automne, le Soleil est dans le plan de l'équateur (fig. 190) : il a une déclinaison nulle. Au solstice d'été, il est situé « au-dessus », c'est-à-dire au nord du plan de l'équateur : sa déclinaison δ est positive et est égale à ε, l'obliquité de l'axe de la Terre, soit 23° 26' (fig. 191). Au solstice d'hiver, le Soleil est « en dessous », ou au sud du plan de l'équateur : sa déclinaison est négative. Elle vaut – 23° 26'.

Le graphique 192 présente les variations de la déclinaison du Soleil au cours de l'année. C'est autour des équinoxes qu'elle varie le plus rapidement, d'environ 24' par jour ou 12° en un mois. Par contre, aux moments des solstices, elle reste presque constante. En 12 jours, du 9 au 21 juin, elle n'augmente que d'un demi-degré. Le tableau p. 107 donne des valeurs plus précises.

La variation de cette déclinaison se traduit par une variation de la hauteur du Soleil à midi*.

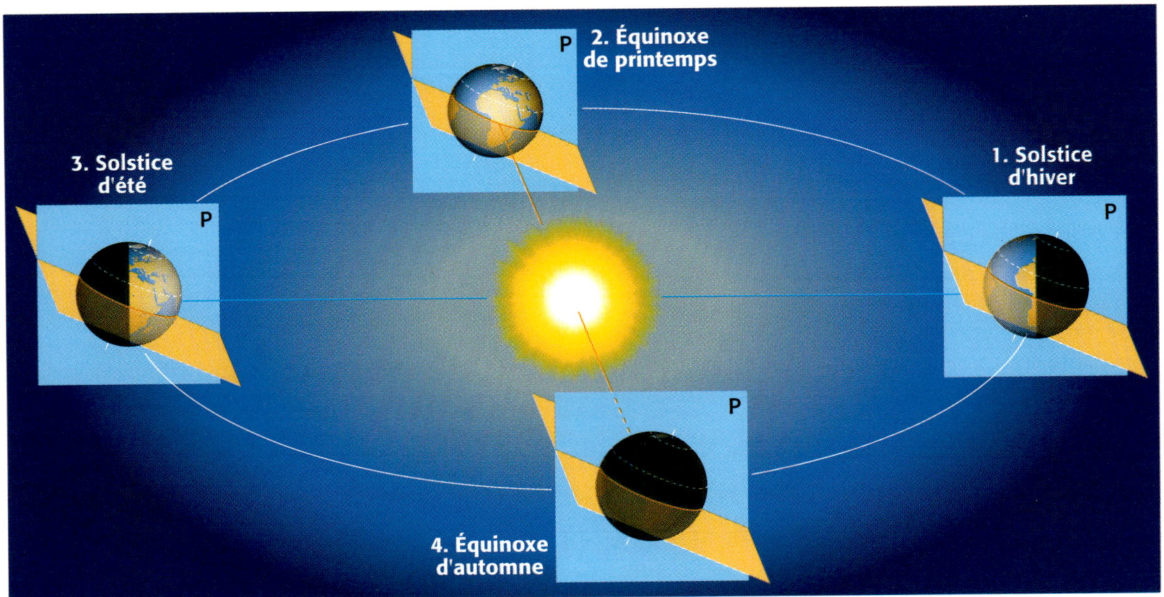

190 **La Terre aux solstices et aux équinoxes.** Le plan P de l'équateur est représenté en ocre.

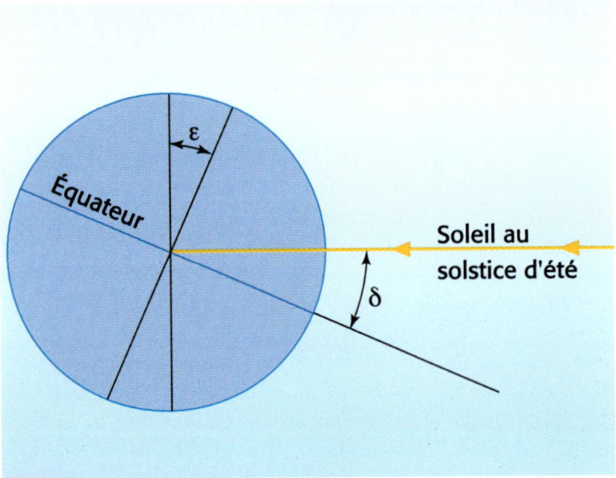

191 **Au solstice d'été, les angles ε et δ ont des côtés deux à deux perpendiculaires. Ils sont donc égaux.**

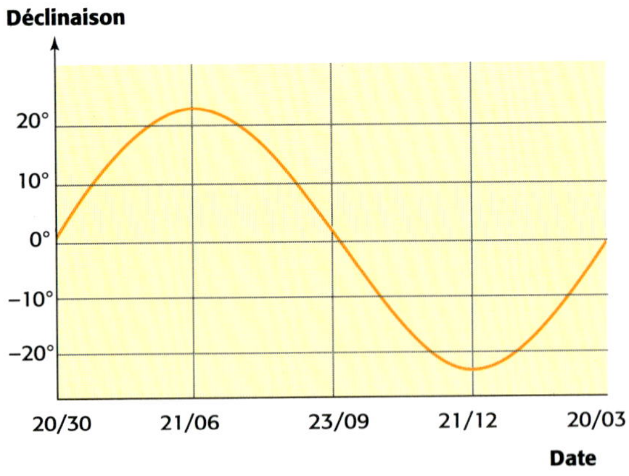

192 **Valeur moyenne de la déclinaison du Soleil au cours de l'année.**

Calculs et formules

On note φ la latitude du lieu et δ la déclinaison du Soleil.

1. Hauteur du Soleil à midi

La formule pour calculer la hauteur h du Soleil à midi est la suivante :

$e = 180° - (90° + \varphi) = 90° - \varphi$

$h = e + \delta$ ou $h = 90° - \varphi + \delta$

Cette formule s'applique aussi quand δ est négatif (en automne et en hiver).

2. Durée de la journée (sans tenir compte de la réfraction)

On note H l'angle horaire du Soleil, angle qui correspond à l'heure et qui vaut 0° à midi solaire (voir figure).

L'instant du lever ou du coucher de Soleil (sans tenir compte de la réfraction) est donné par la formule :

$\cos H = -\tan\varphi \tan\delta$

Si on trouve H en degré, on le transforme en heure en le multipliant par 24/360.

On obtient ainsi le temps écoulé entre le lever du Soleil et le midi solaire ou entre midi et le coucher de Soleil. La durée de la journée est donc égale à $2 \times H$ converti en heures.

Exemple

Durée de la journée à Dijon au solstice d'été : $\varphi = 47{,}3°$; $\delta = 23{,}4°$.

$\cos H = -\tan 47{,}3° \times \tan 23{,}4°$; On trouve $H = 118°$.

En le multipliant par 24/360 puis par 2, on trouve la durée de la journée : $2 \times H = 15{,}73$ heures ou 15 h 44 min.

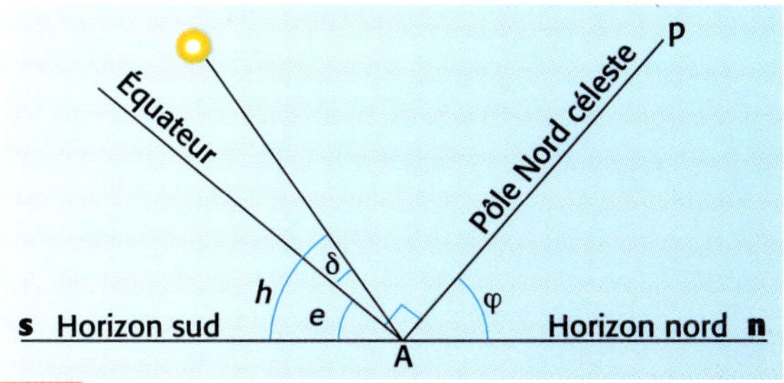

193 **Hauteur du Soleil à midi.** n : horizon Nord ; s : horizon Sud ; p : pôle Nord céleste ; *e* est l'angle entre le plan de l'équateur et le plan horizontal.

3. Heure solaire et heure légale

HL = heure légale ; HS = heure solaire vraie locale en comptant 12 h pour midi au Soleil.

L'heure légale et l'heure solaire sont reliées par une relation qui dépend du numéro du jour de l'année :

HL = HS + décalage en longitude + équation du temps + 1 ou 2 heures (heure d'hiver ou d'été)

Le décalage en longitude (en minute) est égal à la longitude en degrés multipliée par 4 (on a un décalage de 24 h pour 360° soit 1 h pour 15° ou encore 4 min pour 1°).

On compte la longitude négative à l'est de Greenwich et positive à l'ouest.

L'équation du temps est une quantité en minute qui varie en fonction du numéro du jour de l'année (explication p. 55). On trouvera sa valeur pour une date donnée grâce à l'annexe 7.

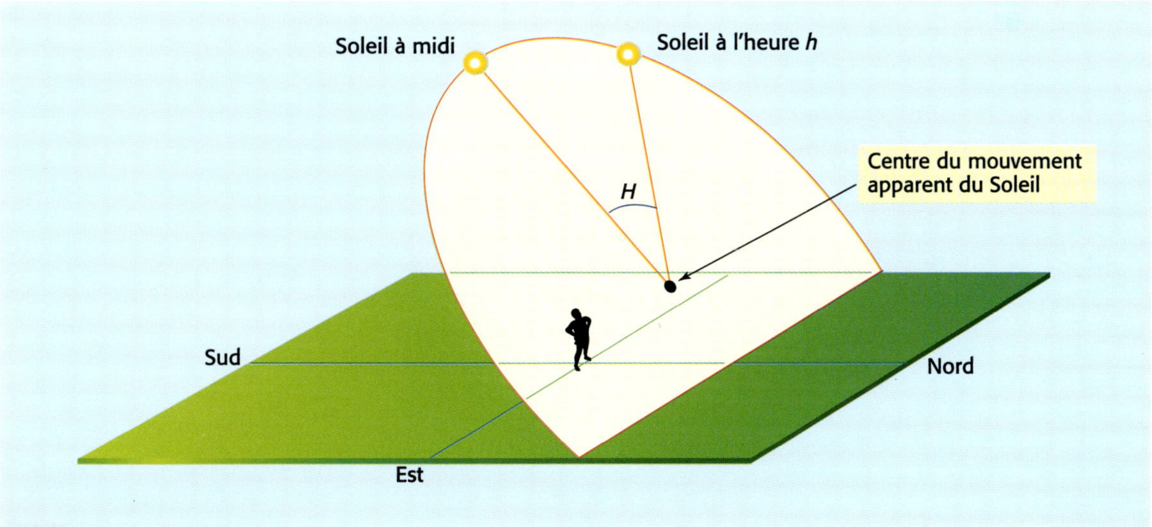

194 **Définition de l'angle *H*.**

Exemple :

Pour repérer la direction Nord Sud, il suffit de savoir à quel instant il est midi solaire. Le Soleil sera alors au Sud et l'ombre d'un fil à plomb indiquera exactement le Nord.

À quelle heure légale sera-t-il midi au Soleil le 11 août à Dijon (longitude : -5°) ?

HS = 12 h.

Décalage en longitude = – 5° × 4 min/° = – 20 min.

Équation du temps = + 5 min.

HL = 12 h – 20 min + 5 min + 2 h = 13 h 45 min.

Le Soleil sera exactement au Sud à 13 h 45 min.

Le Soleil parcourt environ un quart de degré en 1 minute. Si on veut une meilleure précision, on effectue les calculs en utilisant des secondes.

4. Heure de lever et de coucher du Soleil

Pour déterminer l'heure légale du lever ou du coucher du Soleil :

On calcule H, la durée de la demi-journée en heures, avec la formule $\cos H = -\tan \varphi \times \tan \delta$ (voir 2.).

L'heure solaire du lever est alors 12 – H, celle du coucher 12 + H.

On transforme cette heure solaire en heure légale avec la formule :

HL = HS + décalage en longitude + équation du temps + 1 ou 2 heures (voir 3).

5. Direction du lever du Soleil

On appelle a l'azimut du lever ou du coucher du Soleil : c'est l'angle entre le Sud et la direction du lever ou du coucher.

a est donné par la formule : $\cos a = -\sin \delta / \cos \varphi$

Exemples :

Lever et coucher de Soleil à Dijon le jour du solstice d'été : $\varphi = 47{,}3°$; $\delta = 23{,}4°$

$\cos a = -\sin (23{,}4°) / \cos (47{,}3°)$ d'où $a = 125{,}8°$.

Lever et coucher de Soleil à Dijon le jour du solstice d'hiver : $\varphi = 47{,}3°$; $\delta = -23{,}4°$

$\cos a = -\sin (-23{,}4°) / \cos (47{,}3°)$ d'où $a = 54{,}2°$.

On a environ 72° d'écart entre les directions de lever de Soleil aux solstices d'hiver et d'été.

Annexe 7

Équation du temps et déclinaison du Soleil

Les valeurs de l'équation du temps et de la déclinaison du Soleil pour un jour donné varient légèrement d'une année à l'autre en particulier à cause de la durée de l'année et des années bissextiles. Elles sont justes à plus ou moins un jour près. Les valeurs moyennes sont données ici pour midi.
Le numéro du jour est donné pour une année non bissextile.

Printemps

Date	22/3	1/4	8/4	15/4	22/4	1/5	8/5	15/5	22/5	1/6	8/6	15/6
Numéro du jour	81	91	98	105	112	121	128	135	142	152	159	166
Déclinaison en degré	+0,4	+4,4	+7	+9,6	+12	+15	+17	+18,8	+20,3	+22	+22,8	+23,3
Équation du temps en minutes	+7	+4	+2	+0,1	-1,2	-2,9	-3,6	-3,8	-3,5	-2,3	-1,2	+0,3

Été

Date	22/6	1/7	8/7	15/7	22/7	1/8	8/8	15/8	22/8	1/9	8/9	15/9
Numéro du jour	173	182	189	196	203	213	220	227	234	244	251	258
Déclinaison en degré	+23,4	+23,1	+22,5	+21,6	+20,4	+18,2	+16,3	+14,2	+12	+8,5	+5,9	+3,2
Équation du temps en minutes	+1,8	+3,7	+4,9	+5,8	+6,4	+6,3	+5,6	+4,5	+3	+0,2	-2,2	-4,7

Automne

Date	22/9	1/10	8/10	15/10	22/10	1/11	8/11	15/11	22/11	1/12	8/12	15/12
Numéro du jour	265	274	281	288	295	305	312	319	326	335	342	349
Déclinaison en degré	+0,5	-3	-5,7	-8,3	-10,9	-14,3	-16,4	-18,4	-20	-21,7	-22,7	-23,3
Équation du temps en minutes	-7,2	-10,2	-12,3	-14,1	-15,4	-16,4	-16,3	-15,4	-13,9	-11,1	-8,2	-5

Hiver

Date	22/12	1/1	8/1	15/1	22/1	1/2	8/2	15/2	22/2	1/3	8/3	15/3
Numéro du jour	356	1	8	15	22	32	39	46	53	60	67	74
Déclinaison en degré	-23,4	-23	-22,3	-21,2	-19,8	-17,2	-14,1	-12,8	-10,4	-7,8	-5,1	-2,3
Équation du temps en min	-1,5	+3,5	+6,5	+9,4	+11,6	+13,6	+14,2	+14,2	+13,6	+12,5	+10,9	+9,1

Les ellipses

Définition géométrique d'une ellipse

S et S' étant deux points appelés foyers (figure 195), l'ellipse est l'ensemble des points M du plan dont la somme des distances aux foyers est constante : MS + MS' = constante.

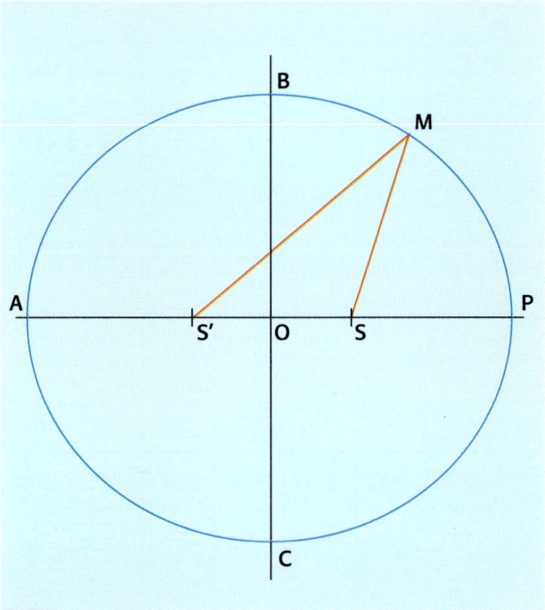

195 AP est le grand axe de l'ellipse : AP = $2a$. O est le centre de l'ellipse :
OA = OP = a (demi-grand axe). BC est le petit axe : BC = $2b$.
OB = OC = b (demi-petit axe). S et S' sont les foyers de l'ellipse : OS = OS' = c. Excentricité de l'ellipse : $e = c/a$.

Comme A appartient à l'ellipse (voir fig. 195) : AS + AS' = constante. Or : AS + AS' = 2AO = $2a$.
La constante vaut donc $2a$. La condition pour le point M devient : MS + MS' = $2a$.
Comme B appartient aussi à l'ellipse : BS + BS' = $2a$ donc BS = a.
Le théorème de Pythagore dans le triangle BOS donne : $BS^2 = OB^2 + OS^2$ ou $a^2 = b^2 + c^2$.
Plus OS est grand devant OP, plus l'ellipse sera aplatie. On définit l'excentricité e de l'ellipse comme le rapport c/a. les valeurs de l'excentricité sont comprises entre 0 et 1 : $0 \leqslant e < 1$
Si $e = 0$, $c = 0$ donc $a = b$: les foyers sont en O, l'ellipse est un cercle.
Si $e = 1$, $c = a$ donc $b = 0$: l'ellipse se confond avec le segment [AP].

Orbite de la Terre

L'orbite de la terre est une ellipse dont les grandeurs caractéristiques sont les suivantes :
Excentricité : $e = c/a = 0{,}0167$.
Demi-grand axe : a = 149 600 000 km d'où
$c = a \times 0{,}0167$ = 2 500 000 km.
$a^2 = b^2 + c^2$ donc b = 149 580 000 km. L'écart entre le grand axe et le petit axe est très faible : 20 000 km soit un peu plus de 0,01 %.
Distance Terre Soleil :
minimale : PS = $a - c$ = 147 100 000 km
maximale : AS = $a + c$ = 152 100 000 km.
La distance Terre-Soleil varie donc de 5 000 000 km ce qui représente une variation relative maximum de 3 %.

Calcul de l'énergie reçue au cours d'une journée

On peut mesurer au niveau du sol l'énergie que l'on reçoit du Soleil, par exemple par des mesures de calorimétrie. En faisant plusieurs mesures à des hauteurs différentes du Soleil, on peut en déduire le rôle de l'atmosphère et calculer ce qu'on appelle la constante solaire.

Répartition de l'énergie solaire reçue

La constante solaire* est la quantité d'énergie reçue chaque seconde du Soleil au niveau de la Terre par une surface de 1 m^2 placée perpendiculairement au rayonnement et ceci, hors atmosphère. Elle vaut environ 1 370 W/m^2.

En multipliant par l'aire de la surface hachurée de la figure 196, on obtient ce que reçoit l'ensemble de la Terre : $1{,}7 \times 10^{17}$ watts. En divisant par l'aire de la sphère, on obtient la puissance moyenne reçue par mètre carré, soit 340 W/m^2 ou 340 joules par seconde et par mètre carré. Pour obtenir l'énergie reçue en un jour, on multiplie par 24 × 3 600 et on obtient 3×10^7 joules par jour et par mètre carré ou 30 $MJ/j/m^2$. Cette énergie est évidemment répartie différemment en fonction de la date et de la latitude (tableau 197).

La différence entre les énergies reçues au solstice d'hiver et au solstice d'été est très nette à toute latitude sauf à l'équateur. Les moyennes annuelles montrent bien les variations d'énergie reçue des pôles à l'équateur.

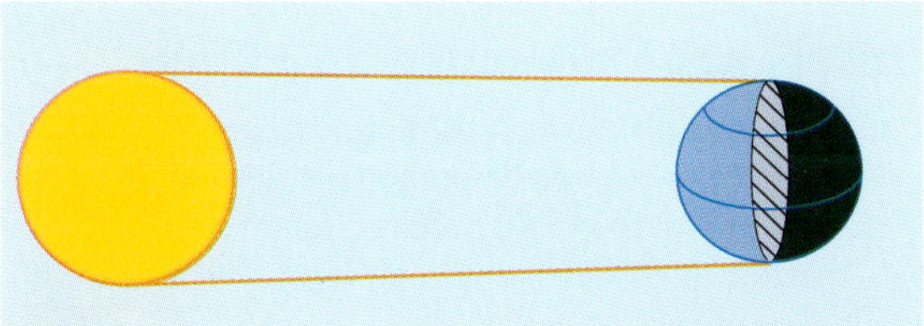

196 Calcul de l'énergie reçue par l'ensemble de la Terre.

On peut aussi remarquer les différences entre les deux hémisphères : au solstice d'été, on ne reçoit le 21 juin que 42 $MJ/j/m^2$ à nos latitudes (47° N) contre 45 $MJ/j/m^2$ à la latitude 47° Sud le 21 décembre. Cela parce qu'en décembre, le Soleil est plus proche de la Terre qu'en juin.

Si on voulait comprendre en détail les températures au sol, il faudrait aussi tenir compte de la couverture nuageuse, de la nature du sol (la glace des pôles réfléchit une bonne partie de la lumière), des vents, des courants, des mers, de l'humidité de l'air…

Toute l'énergie arrivant sur Terre n'est pas convertie en chaleur. Une partie (30 %) repart directement vers l'espace par réflexion et par diffusion. Une autre partie (20 %) est absorbée par l'atmosphère et le reste (50 %) est absorbé par la surface de la Terre. Pour chauffer la planète, il reste donc 70 % de l'énergie solaire (20 % + 50 %) soit, en moyenne, 21 mégajoules par jour et par mètre carré ou 240 W/m^2.

Calcul à partir d'un relevé d'ombres

Pour calculer la quantité d'énergie reçue en une journée par une surface horizontale de 1 m^2, l'idéal est d'avoir réalisé auparavant un relevé de l'ombre toutes les heures pendant une journée. Sinon, on peut utiliser les relevés proposés ici. Il est intéressant d'effectuer ces calculs avec deux relevés, l'un proche du solstice d'hiver, l'autre proche du solstice d'été.

Le relevé d'ombres donne la hauteur du Soleil (voir annexe 3), ce qui permet de calculer la quantité d'énergie reçue au niveau du sol par mètre carré horizontal. En effectuant le calcul pour différentes heures, on peut déterminer approximativement l'énergie reçue pendant toute la journée. Il est possible de tenir compte de l'absorption atmosphérique, mais les calculs sont plus longs et beaucoup moins sûrs, puisque l'absorption dépend énormément de la transparence du ciel.

Latitude	90° S	66,5° S	47° S	23,5° S	0°	23,5° N	47° N	66,5° N	90° N
Le 21 décembre	49	45	45	43	36	24	9	0	0
Aux équinoxes	0	15	26	35	38	35	26	15	0
Le 21 juin	0	0	9	22	34	40	42	42	46
Moyenne annuelle	15	18	26	33	36	33	26	18	15

197 Énergie reçue par jour et par mètre carré de surface horizontale, sans tenir compte de l'absorption atmosphérique, en $MJ/j/m^2$.

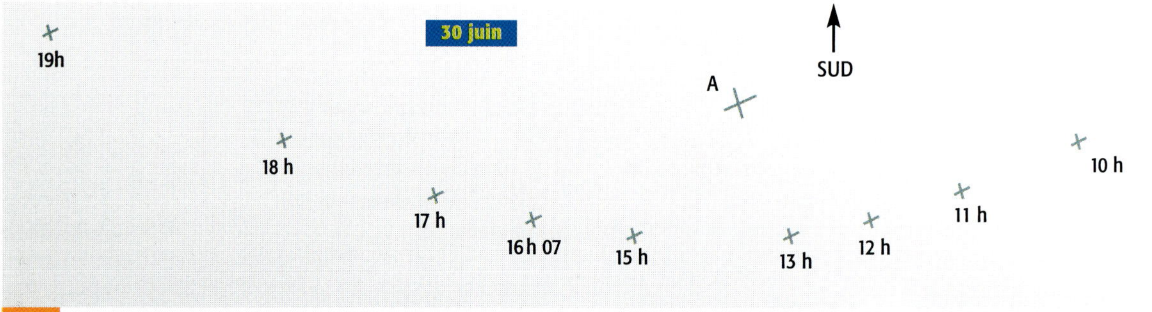

198 Relevé d'ombres du 30 juin. Il faut multiplier les données de ce schéma par 1,4 pour retrouver les données du texte.

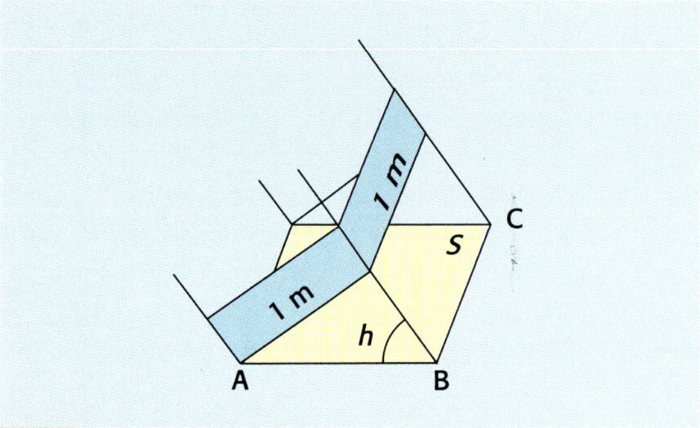

199 Pour un faisceau de 1 m × 1 m de section, AB = 1 / sin *h*, donc *S* = AB × 1 = 1 / sin *h*.

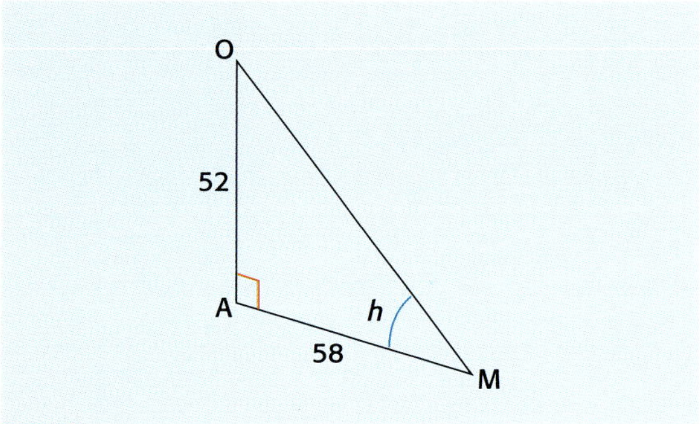

200 Calcul de la hauteur *h* du Soleil à 17 h.
tan *h* = OA/OM = hauteur du gnomon/longueur de l'ombre.

Calcul pour une heure donnée

Considérons un faisceau de lumière de 1 m² de section. Il éclairera une surface au sol de mesure S, qui dépend de la hauteur du Soleil h : $S = 1/\sin h$ (fig. 199).
Remarque : Si on appelle E l'éclairement au sol, c'est-à-dire la puissance reçue par mètre carré horizontal et P la puissance du faisceau (de 1 m² de section), on a $E = P/S = P \times \sin h$ (en W/m²) ; l'éclairement est proportionnel à sin h.
Exemple avec le relevé du 30 juin à 17 h
Hauteur du gnomon* : 52 mm.
Longueur de l'ombre : 58 mm.
$\tan h = 52/58$ (voir fig. 200), d'où $h \approx 42°$ (hauteur du Soleil à 17 h).
Surface horizontale éclairée par notre faisceau de 1 m² de section :
$S = 1/\sin 42° \approx 1{,}49$ m².
On sait qu'une surface de 1 m² perpendiculaire au rayonnement reçoit environ 1 400 W du Soleil. Ainsi, pour calculer la puissance reçue pour 1 m² de surface horizontale sans tenir compte de l'absorption atmosphérique, on écrit que 1,49 m² reçoit 1 400 W, donc 1 m² reçoit 1 400/1,49 soit 940 W. Si l'on veut en déduire la quantité d'énergie reçue au cours de la journée, il sera pratique d'utiliser des MJ/h :
940 W = 940 J/s = 940 × 3 600 J/h
soit 3 400 000 J/h ou 3,4 MJ/h.
On peut aussi obtenir directement le résultat ainsi : 1 400 × sin (42°) × 3 600 ≈ 3 400 000.

Calculs pour la journée du 30 juin

Calculons sur un exemple l'énergie reçue en une journée à partir des relevés de la hauteur du soleil ce jour-là. Le 30 juin à Dijon, le Soleil se levait à 5 h 50 pour se coucher à 21 h 40 (heures légales). Il manque quelques relevés, en particulier le matin (tabl. 201).
De 10 h à 19 h, les calculs ont été effectués à partir du relevé, comme dans l'exemple précédent. Pour déterminer la puissance reçue entre le lever du Soleil et 10 h puis entre 19 h et le coucher du Soleil, on a utilisé le graphique prolongé 202.
On a trouvé qu'à 17 h, par exemple, 1 m² de sol horizontal recevait une puissance de 3,4 MJ/h. On peut, sans faire trop d'erreur, supposer les puissances constantes au cours d'une heure. Ce qui veut dire que notre mètre carré a récupéré une énergie de 3,4 MJ entre 16 h 30 et 17 h 30. Les nombres de la dernière colonne indiquent donc approximativement l'énergie reçue au cours d'une heure. Si on les ajoute tous, on obtient la quantité d'énergie reçue au

Heure (légale)	Mesure de l'ombre en mm	Hauteur du Soleil *h* en degrés	Puissance reçue au sol en MJ/h
6 h			*0,1*
7 h			*0,9*
8 h			*1,7*
9 h			*2,5*
10 h	60	41	3,3
11 h	43	51	3,9
12 h	31	60	4,4
13 h	25	65	4,6
14 h	26	64	4,5
15 h	31	60	4,4
16 h	44	50	3,9
17 h	58	42	3,4
18 h	84	32	2,7
19 h	127	23	1,9
20 h			*1,2*
21 h			*0,4*

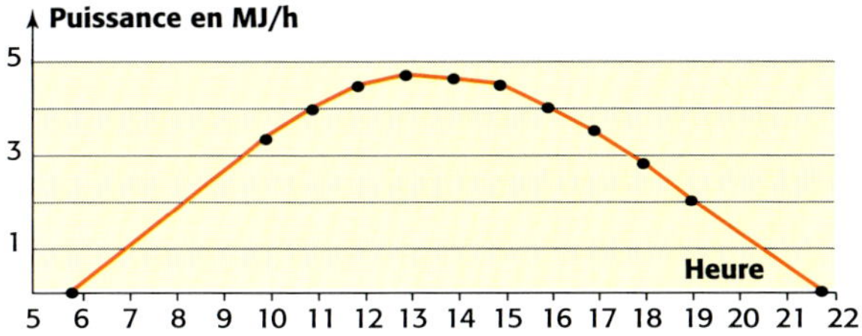

201 **Calcul de la puissance *P* reçue pour 1 m² horizontal le 30 juin** en fonction de l'heure, sans tenir compte de l'atmosphère, on calcule *h* et *P*. avec $h = \tan^{-1}(OA/AM)$. $P = 1\,400 \times \sin h \times 3\,600$. Les nombres du tableau en italique sont estimés avec la courbe.

Heure (légale)	Mesure de l'ombre en mm	Hauteur du Soleil *h* en degrés	Puissance reçue au sol en MJ/h
9 h			*0,64*
10 h			*1,24*
11 h	141	21	1,78
12 h	125	23	1,96
13 h	126	23	1,96
14 h	148	20	1,70
15 h			*1,16*
16 h			*0,58*

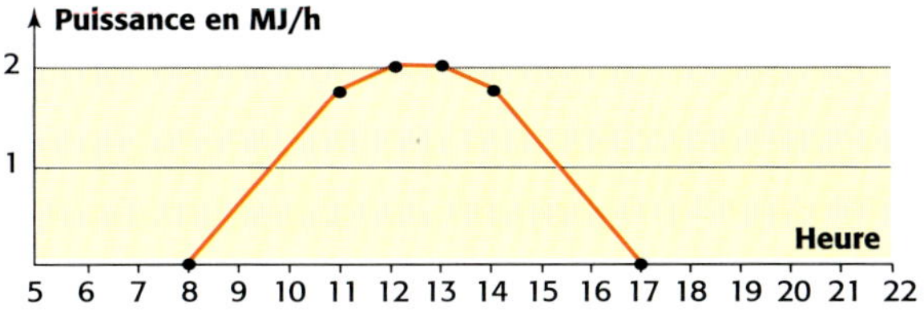

202 **Calcul de la puissance reçue pour 1 m² de sol horizontal le 24 novembre** sans tenir compte de l'absorption atmosphérique. Les nombres du tableau en italique sont estimés à partir de la courbe.

cours de la journée. Pour le 30 juin, on arrive à un total de 43,8 mégajoules, ce qui est une valeur tout à fait correcte, qui ne tient pas compte de l'absorption atmosphérique (tabl. 197).

Une autre méthode de calcul consiste à exploiter la courbe 201. En effet, l'énergie reçue dans la journée correspond à l'intégrale de la courbe 201, entre le lever et le coucher du Soleil. On peut obtenir sa valeur expérimentalement en découpant la surface comprise entre la courbe et l'axe des abscisses et en déterminant la masse de ce morceau de papier à l'aide une balance de précision. L'étalonnage se fait à partir de la masse d'un rectangle de largeur 1 heure et de hauteur 1 MJ/h, donc d'aire 1 MJ.

Calculs pour le 24 novembre

Le 24 novembre à Dijon, le Soleil se levait à 8 h pour se coucher à 17 h (heures légales). Les puissances calculées reportées dans le tableau 202 sont toujours données en MJ/h pour 1 m² horizontal et ne tiennent pas compte de l'absorption atmosphérique.

Pour le 24 novembre, on obtient donc 11 MJ dans la journée, ce qui est là encore tout à fait correct, malgré le peu de points. C'est le quart de ce que l'on a trouvé le 30 juin. On comprend qu'il fasse plus froid en hiver…

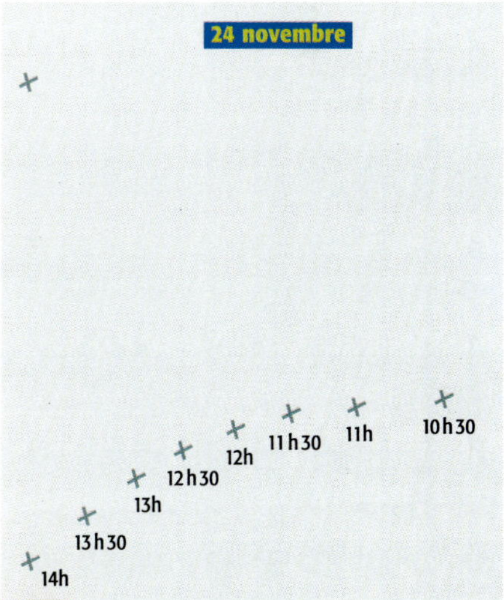

203 **Relevé d'ombres du 24 novembre à Dijon** (réduction : 36 %).

Annexe 10

Quelques exercices d'application

Les 4 exercices présentés ici proposent de raisonner à partir de schémas. Les dessins de l'exercice 1 sont déjà difficiles à compléter pour un certain nombre d'adultes ; ils ne sont pas à utiliser avec de jeunes enfants. Ces derniers, en revanche, sont à même de réaliser l'exercice 2.

1. Hauteur du Soleil et durée de la journée (méthode graphique)

Les schémas ci-dessous représentent une vue du système Soleil-Terre à 4 dates différentes de l'année.

Énoncé

Ombrer la partie de la Terre dans la nuit sur les différents schémas du tableau, puis répondre approximativement, lorsque c'est possible, aux questions du tableau 205 pour la latitude 47° nord.

Sur la Terre sont notés l'équateur et le parallèle 47° N.

Solutions

A : 15 à 16 h – 8 à 9 h – 66° – 21/06 ;
B : 12h – 12h – (43 °) – 23/09 ;
C : 8 à 9 h – 15 à 16 h – 20° – 21/12 ;
D : 12h – 12h – (43 °) – 20/03.

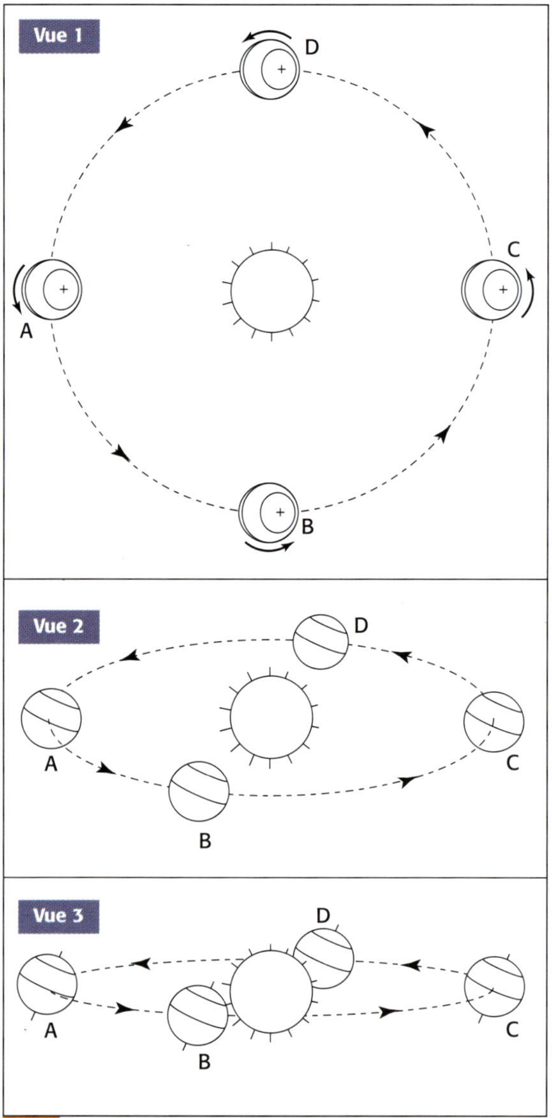

204 Vues du système Terre-Soleil.

	Vue 1	Vue 3	
A	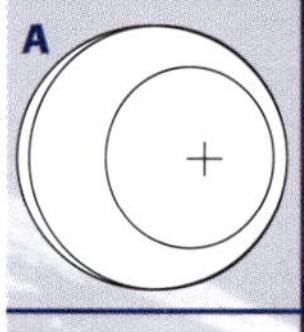	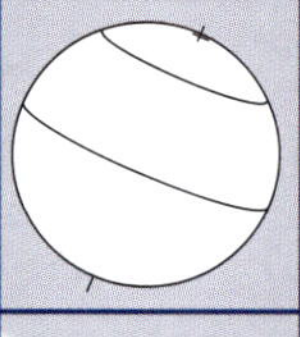	Durée de la journée : .... Durée de la nuit : .... Hauteur du soleil sur l'horizon à midi : .... Date : ....
B	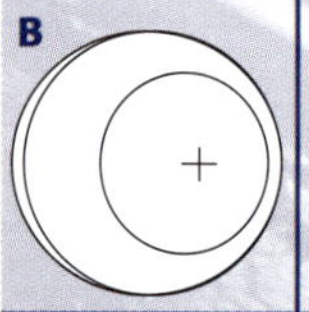	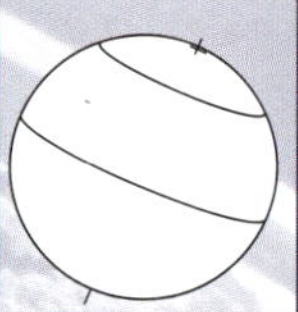	Durée de la journée : .... Durée de la nuit : .... Hauteur du soleil sur l'horizon à midi : .... Date : ....
C	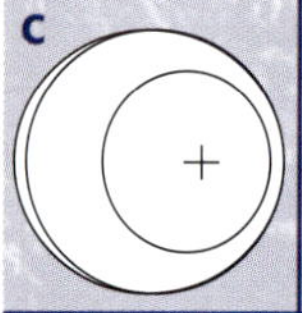	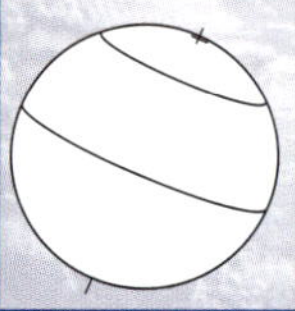	Durée de la journée : .... Durée de la nuit : .... Hauteur du soleil sur l'horizon à midi : .... Date : ....
D	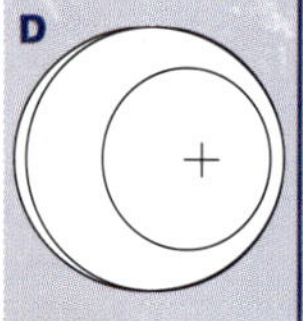	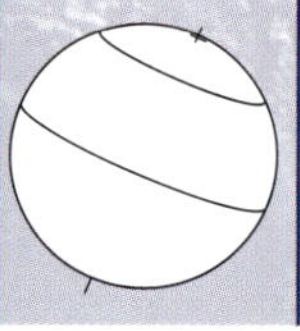	Durée de la journée : .... Durée de la nuit : .... Hauteur du soleil sur l'horizon à midi : .... Date : ....

205 Questionnaire à compléter à partir de la figure 204.

On ne peut pas trouver la hauteur du Soleil à midi aux équinoxes (43°) avec ces schémas. Il faut utiliser d'autres schémas ou la formule de la page 105 en prenant δ = 0. En revanche, on peut déterminer la direction du lever et celle du coucher du Soleil.

2. Constellations d'hiver, constellations d'été

En janvier

1. Colorier en sombre la partie de la Terre où il fait nuit en janvier.
2. Peut-on voir la constellation d'Orion la nuit en janvier ? .... oui non
3. Peut-on voir le triangle d'été la nuit en janvier ? .... oui non

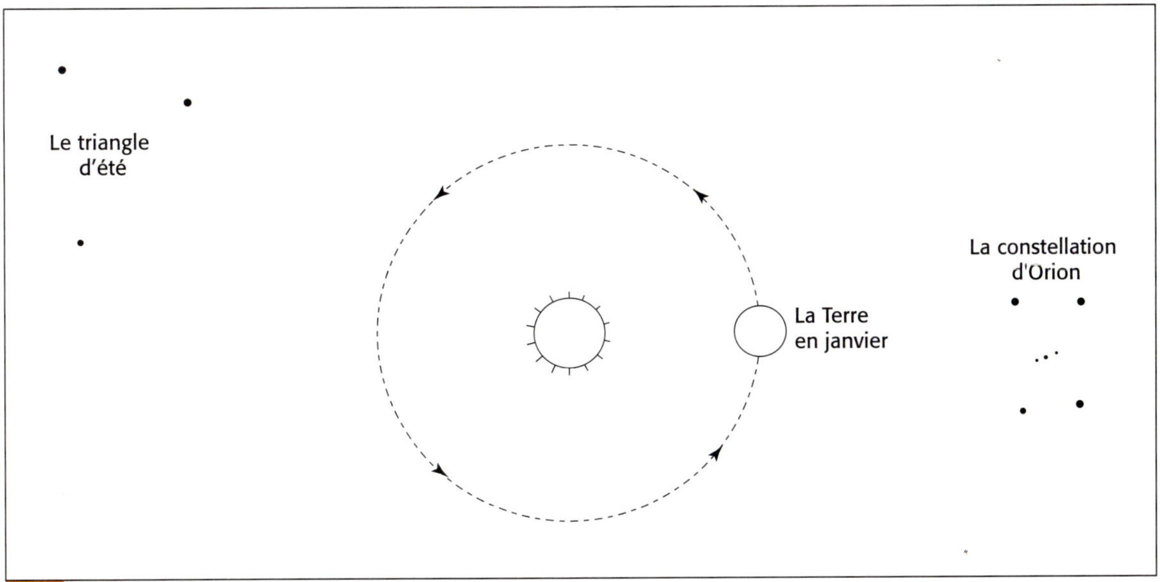

206 **Situation en janvier.** Dessin à compléter.

En juillet

1. Colorier en sombre la partie de la Terre où il fait nuit en juillet.
2. Peut-on voir la constellation d'Orion la nuit en juillet ? .... oui non
3. Peut-on voir le triangle d'été la nuit en juillet ? .... oui non

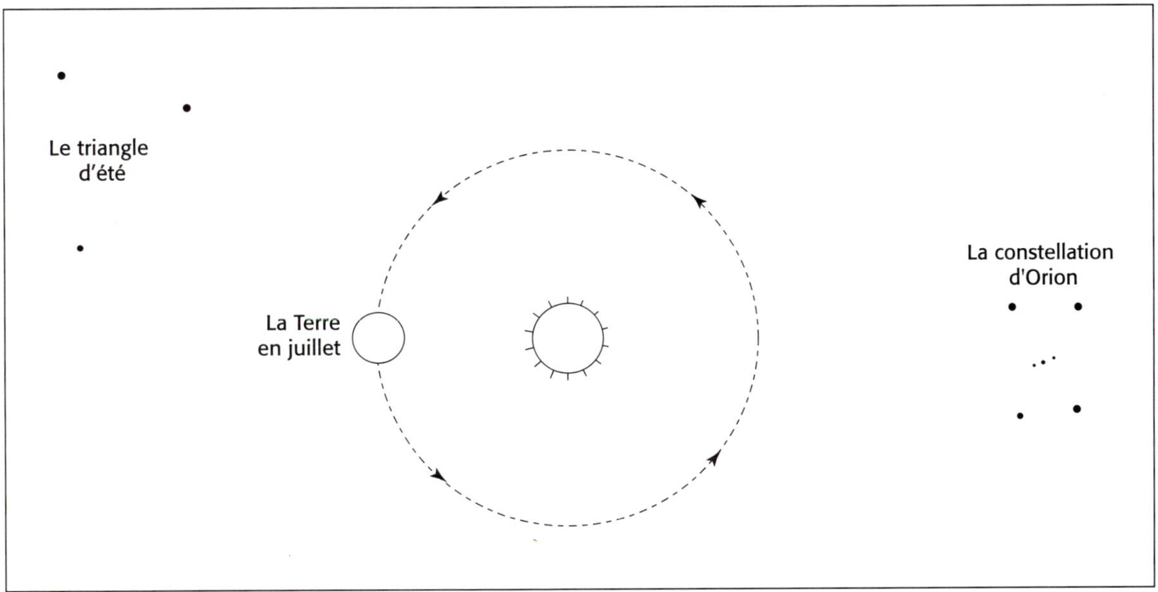

207 **Situation en juillet.** Dessin à compléter.

3. Calcul de la hauteur du Soleil aux solstices

Dans cet exercice, on demande de calculer la hauteur du Soleil à midi lors des solstices. Pour la question supplémentaire, on pourra utiliser la figure 212, page de droite.
Nous considérons ici que la Terre décrit une orbite circulaire autour du Soleil, son axe gardant une direction fixe dans l'espace, ce qui est assez proche de la réalité (fig. 208).

Énoncé
Sur les schémas 209, le trait jaune représente un rayon lumineux en provenance du Soleil. Pour le personnage situé à 47° de latitude nord, il est midi au Soleil. On demande de déterminer la hauteur du Soleil au-dessus de l'horizon sud au solstice d'été, puis au solstice d'hiver, à la latitude de 47° nord. (aide : on pourra tracer les droites passant par M et parallèles à (TY), (TP) et (TE)).
On rappelle les données suivantes :
distance moyenne Terre-Soleil : 150 000 000 km ;
rayon de la Terre : 6 370 km ;
obliquité de l'écliptique : ε = 23,4° (voir fig. 210).

Question supplémentaire
On cherche à calculer la puissance reçue par 1 m² de sol horizontal, au solstice d'été, puis au solstice d'hiver. La constante solaire (puissance reçue au niveau de la Terre par mètre carré perpendiculaire au rayonnement, sans tenir compte de l'atmosphère) vaut 1 370 W/m².

Solutions
• *Hauteur du Soleil au solstice d'été (fig. 211)*
mes($\widehat{pMs}$) = 90° – 23,4° = 66,6°.
mes($\widehat{sMe}$) = mes($\widehat{pMe}$) – mes($\widehat{pMs}$)
= 90° – 66,6° = 23,4°.
N.B. : $\widehat{yMp}$ et $\widehat{sMe}$ ont des côtés perpendiculaires. On a trouvé qu'ils avaient même mesure.
mes($\widehat{xMe}$) = 90° – 47° = 43°.
mes($\widehat{xMs}$) = mes($\widehat{xMe}$) + mes($\widehat{eMs}$) = 43°+ 23,4° = 66,4°.
Le Soleil culmine à 66,4° au-dessus de l'horizon, le jour du solstice d'été à midi au soleil.
• *Hauteur du Soleil au solstice d'hiver*
mes($\widehat{xMs}$) = 43° – 23,4° = 19,6°.
• *Puissance reçue au solstice d'été*
AB = 1 / sin h et S = 1 × 1/sin h. $S \approx 1{,}09$ m².
Puissance reçue par m² horizontal :
1 370 W/1,09 m² ≈ 1 260 W/m².
• *Puissance reçue au solstice d'hiver*
$S \approx 2{,}98$ m².
Puissance reçue par m² horizontal :
1 370 W / 2,98 m² ≈ 460 W/m².

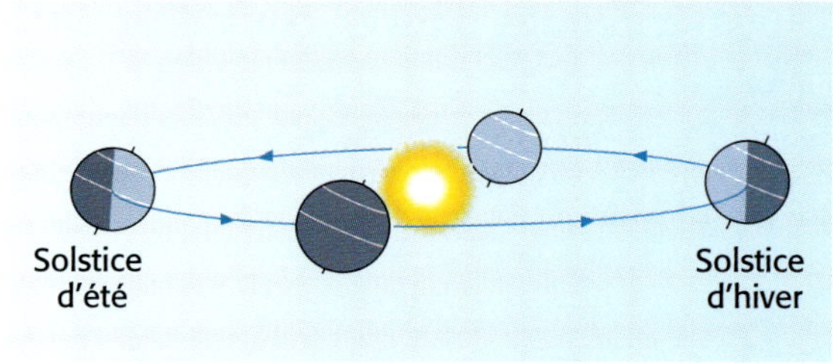

208 **L'orbite de la Terre autour du Soleil.**

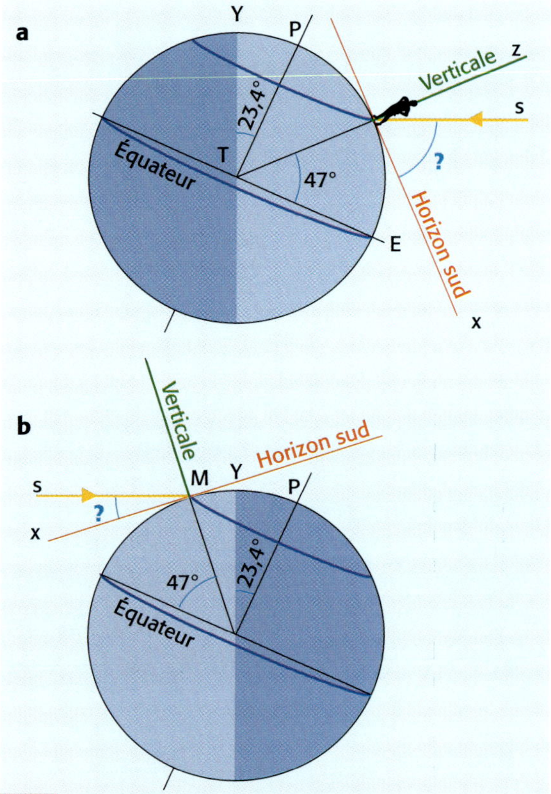

209 **La hauteur du Soleil à midi à la latitude de 47° Nord.**
a. Au solstice d'été ; **b.** Au solstice d'hiver.

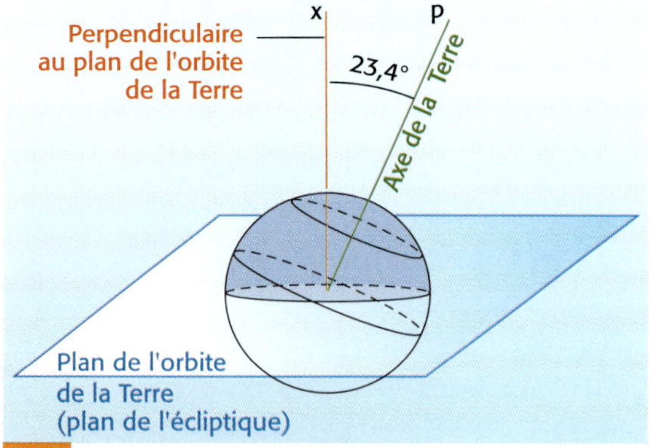

210 **L'obliquité de l'écliptique.**

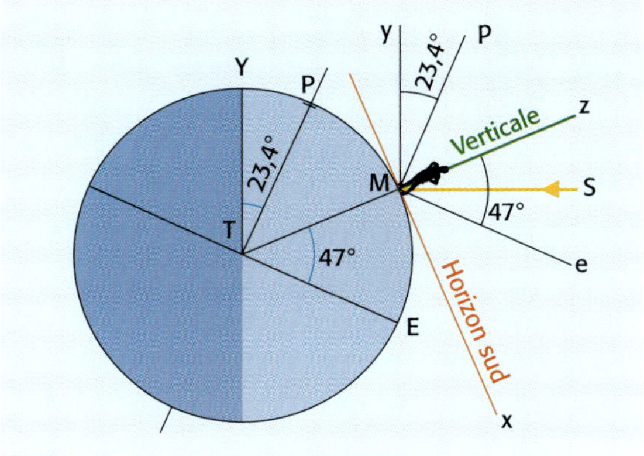

211 **La hauteur du Soleil à midi au solstice d'été.**

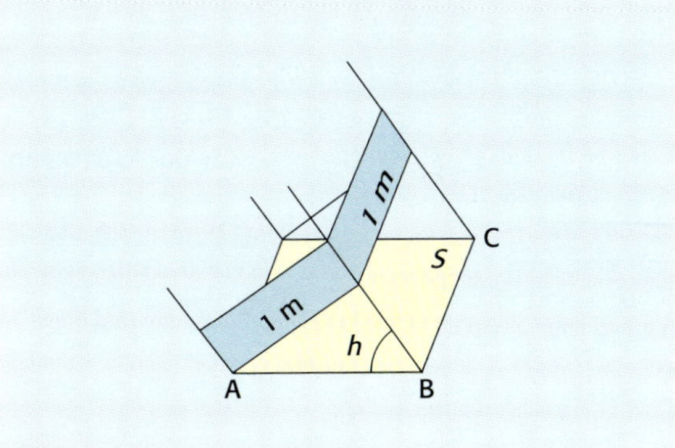

212 **Surface au sol éclairé par un faisceau de lumière de 1 m × 1 m.**

4. Calcul de la durée de la journée aux solstices

La durée de la journée aux solstices peut également être calculée. Pour le calcul, on rencontre deux difficultés : la première consiste à comprendre le phénomène et la deuxième à voir dans l'espace en trois dimensions, ce qui n'est pas naturel pour tous les élèves. Pour qu'ils appréhendent mieux le problème, on peut utiliser une petite maquette. Cette activité est réalisable à partir de la classe de 3ᵉ.

Nous considérons ici que la Terre décrit une orbite circulaire autour du Soleil, son axe gardant une direction fixe dans l'espace, ce qui est assez proche de la réalité.

Énoncé

On veut calculer la longueur de la journée au solstice d'été, puis au solstice d'hiver, à la latitude de 47° nord (on appelle ici journée l'intervalle de temps entre le lever et le coucher du Soleil).

On rappelle les données suivantes :

Distance moyenne Terre-Soleil : 150 000 000 km.

Rayon de la Terre : 6 370 km.

Obliquité de l'écliptique : $\varepsilon = 23{,}4°$ (voir schéma).

Question supplémentaire : On note f la fonction de $[-90 ; 90]$ dans $[0 ; 24]$, qui, à la latitude en degrés, fait correspondre la durée de la journée en heures au solstice d'été. Tracer la représentation graphique de f.

Plan de travail

Avec une classe, le travail peut être mené en quatre étapes :

1. On explique simplement aux élèves le problème à partir des deux premiers schémas ci-dessus.

2. On leur demande de préparer la maquette à la maison (partie 1, fig. 216 à photocopier sur bristol). Il est préférable de leur montrer auparavant le résultat qu'ils doivent obtenir.

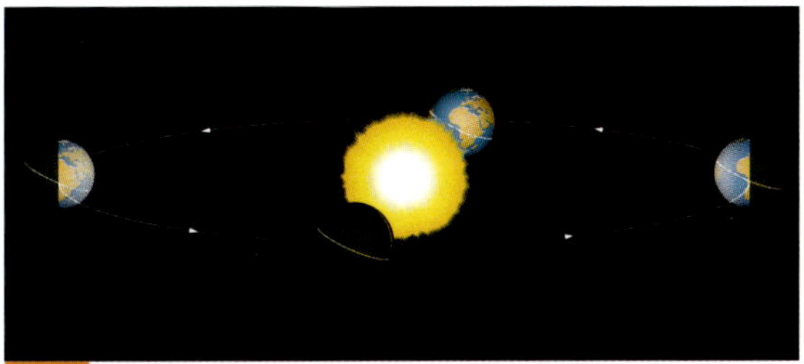

213 **L'orbite de la Terre autour du Soleil.**

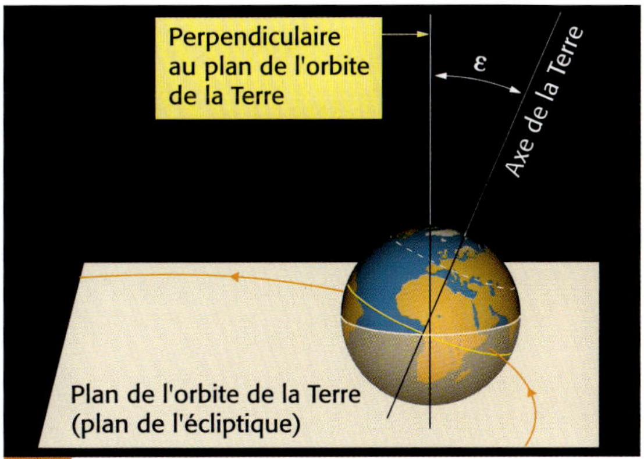

214 **L'obliquité de l'écliptique.**

3. En classe, on explique plus précisément le problème :

– on positionne la maquette sur la partie 2 ;

– M correspond au midi solaire et C au coucher* du Soleil. Le demi-disque 47° nord est découpé en tranches de 15°, correspondant à une heure (360°/24 h = 15°/h). Ce découpage permet d'obtenir une première approximation pour la durée de la demi-journée : un peu moins de 8 heures ;

– il faudrait calculer l'angle $\widehat{MOC}$ pour être plus précis. Si la Terre tourne sur elle-même à vitesse

régulière, la durée de la demi-journée est proportionnelle à $\widehat{MOC}$.
– on trouve l'ordre des calculs à effectuer : a) OM (dans OMT) ; b) OT (dans OMT) ; c) OH (dans OHT) ; d) l'angle $\widehat{COH}$ (dans COH, en remarquant que CO = OM) ; e) l'angle $\widehat{MOC}$.
4. Les élèves effectuent les calculs, soit en classe, soit chez eux. Les calculs de longueurs peuvent s'effectuer soit en fonction du rayon r de la Terre, soit en km, en prenant r = 6 370 km.

Réalisation de la maquette
1. Découper les trois éléments.
2. Sur le grand disque :
a. coller le demi-disque équateur perpendiculairement à l'aide de la languette ;
b. coller de la même manière le demi-disque plus petit de latitude 47° nord (fig. 215).

Solutions
• *Durée de la journée au solstice d'été*
On prend le degré comme unité d'angle. En notant φ la latitude et ε l'obliquité de l'écliptique de 23,4° :
$OM = r \cos \varphi$; $OT = r \sin \varphi$;
$OH = OT \tan \varepsilon = r \sin \varphi \tan \varepsilon$.
$\cos \widehat{COH} = OH/OC = (r \sin \varphi \tan \varepsilon)/(r \cos \varphi) = \tan \varphi \tan \varepsilon$.
d'où $\widehat{COH} = \cos^{-1} (\tan \varphi \tan \varepsilon)$.
Durée de la journée
la durée de la journée est environ égale à :
$2 (180° - \cos^{-1} (\tan \varphi \tan \varepsilon))/15 \approx 15{,}7$ h.

• *Durée de la journée au solstice d'hiver*
La durée de la journée au solstice d'hiver est égale à la durée de la nuit au solstice d'été, soit
24 h – 15,7 h = 8,3 h.
• *Représentation graphique de f*
– Entre l'équateur et le cercle polaire arctique ($0° \leq \varphi < 66{,}4°$) :
$d = 2 (180° - \cos^{-1} (\tan \varphi \tan \varepsilon))/15$.
– Au-dessus du cercle polaire ($66{,}4° < \varphi < 90°$), le Soleil est toujours levé et $d = 24$ h.
– Dans l'hémisphère Sud, entre l'équateur et le cercle polaire antarctique ($-66{,}4° < \varphi < 0°$), on peut vérifier que la formule est encore valable avec $\varphi < 0$.
– Sous le cercle polaire antarctique ($-90° < \varphi < -66{,}4°$), le Soleil ne se lève pas et $d = 0$.

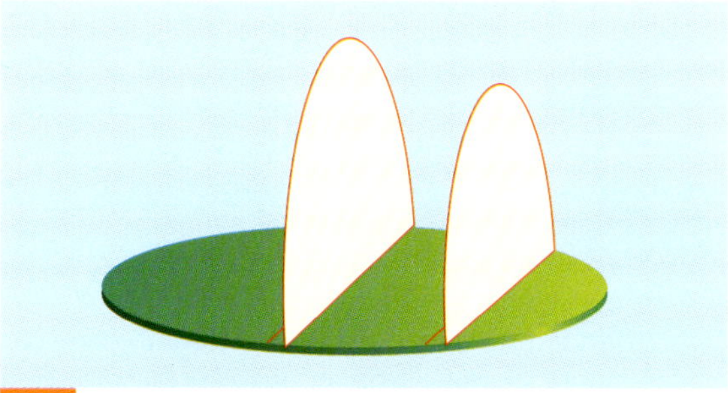
215 Positionnement des 3 éléments.

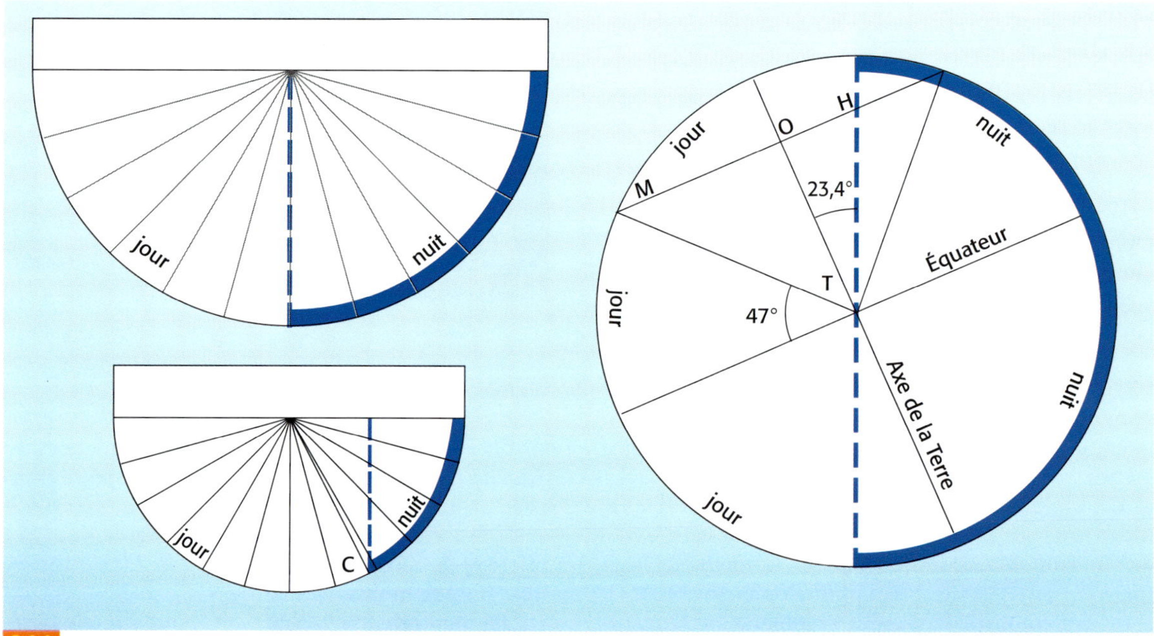

216 Partie 1.

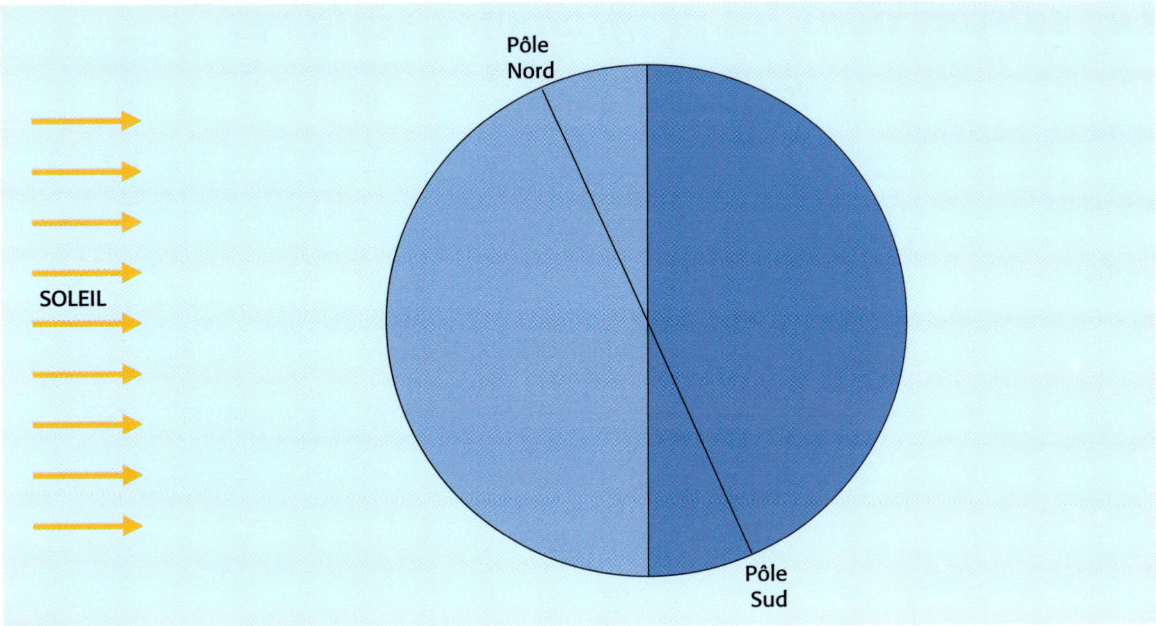

217 **Partie 2.**

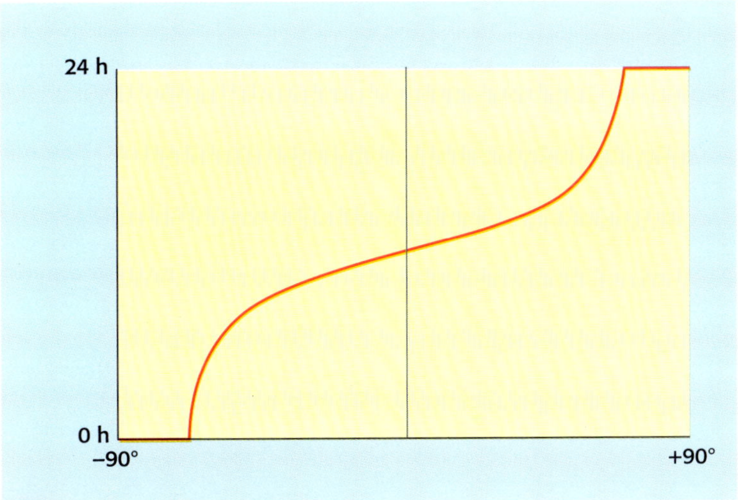

218 **Représentation graphique de *f*.**

Annexe 11

Les saisons dans les programmes scolaires

École élémentaire

CM : le mouvement apparent du Soleil ; la rotation de la terre sur elle-même ; les points cardinaux (programmes 95).

Collège

SVT 6e : le lieu où nous vivons est une portion de la surface de la Terre, appartenant à une zone climatique. Éclairement et température y varient selon l'heure du jour et les saisons (programme 1996).

Géographie 6e : les grands repères géographiques du monde (...) pôles, tropiques, équateur.
La localisation des zones thermiques (...) est simplement expliquée (programme 1996).

Physique 5e- 4e : la course apparente du Soleil pendant une journée.
Réaliser un modèle du système solaire.
Construire et utiliser un cadran solaire (programme 1997).

Géographie 3e : (dans les connaissances devant être acquises en fin de collège)
Grands repères terrestres : équateur, tropiques, cercles polaires.
Zones chaudes, tempérées, froides (programme 1999).

Lycée

Physique 2de : étude de documents textuels ou multimédias donnant les informations sur les représentations du système solaire et sur les échelles de distance.
Relativité du mouvement.
La construction d'un calendrier. Phénomènes astronomiques : l'alternance des jours et des nuits (...), des saisons permettent de régler le rythme de la vie (programme 2000).

SVT 2de : la planète Terre et son environnement : La répartition en latitude des climats et l'alternance des saisons sont des conséquences de la sphéricité de la Terre et de sa rotation autour d'un axe incliné par rapport au plan de révolution autour du Soleil.
Travaux pratiques envisageables : Quantité d'énergie reçue par les planètes : climats et saisons...
Explication analogique de la répartition en latitude des climats et de l'alternance des saisons en fonction de l'éclairement solaire. On éclaire un globe terrestre par un pinceau de lumière parallèle de taille plus petite que le globe (...)

Physique 1re S : autre aspect de transfert énergétique : le rayonnement solaire.

Matériel pédagogique

Matériel CLEA

Le comité de Liaison Enseignants Astronomes (CLEA) publie une revue trimestrielle, les cahiers Clairaut, des numéros hors séries pour école primaire, collège et lycée, des diapositives… Les renseignements et les commandes peuvent être adressés à l'adresse suivante :
CLEA, Laboratoire d'Astronomie, Bat. 470, Université Paris-Sud. 91405 Orsay CEDEX.

Cinéciel : sphère armillaire en carton, en kit à monter. Pour comprendre les mouvements apparents du Soleil et des étoiles, la hauteur du Soleil, la direction de son lever et de son coucher…

Diapositives D6 : une expérience pour illustrer les saisons. 8 diapositives montrant l'importance de l'orientation de l'axe de la Terre à partir d'une sphère recouverte d'une peinture qui change de couleur avec la température.

Hors série n° 1 : astronomie à l'école primaire (le jour, la nuit, les saisons…).
Hors série n° 3 : astronomie niveau lycée (calendriers…).
Hors série n° 4 : astronomie en quatrième (mesure de la hauteur du Soleil…).

Matériel pédagogique CELDA

Observatoire du mouvement apparent du Soleil : demi-sphère, boussole et rapporteur.
Demi-sphère transparente : diamètre 20 cm.

Matériel Pierron

Hélios 4 : pour étudier l'influence de l'angle d'incidence des rayons solaires sur la quantité d'énergie reçue.
Cosmographe : maquette représentant le Soleil, la Terre, la Lune.
Pyromètre solaire : il mesure la puissance solaire au niveau du sol.

Autres matériels

Parapluie planétarium : un parapluie, sur lequel sont dessinées les constellations, tourne autour d'un axe d'inclinaison réglable. Très clair pour représenter les mouvements apparents des étoiles et du Soleil. Renseignement : Papillons blancs, 19 rue Vauban, 59170 Croix.

Célescope : il permet de montrer les mouvements apparents du Soleil, de la Lune et des planètes, en faisant tourner le ciel autour du personnage central ou les mouvements réels en faisant tourner la Terre sur elle-même. Hauteur du Soleil, direction des levers et couchers…
Maquette « climats et saisons » : pour expliquer la répartition en latitude des climats et l'alternance des saisons.
Appareil à « constante solaire » : il mesure la puissance solaire au niveau du sol.
Ces trois produits sont disponibles ches Jeulin, rue Jacques Monod, BP 1900, 27019 Evreux CEDEX.

Parapluie planétarium à la Villette.

Globe spécial saisons : on peut se procurer des éléments pour fabriquer le solide à 26 faces décrit pp 81-82 à l'adresse suivante (réf. 6128.8, Clixi géométrie noir et blanc) :
Soral, 12 rue du Docteur Crestin, 69362 Lyon.

Bibliographie

Sur les mouvements de la Terre et les saisons

Galiléo Galilei, *Dialogue sur les deux grands systèmes du monde*, Éditions du Seuil, 1992.
Jacques Gapaillard, *Et pourtant elle tourne ! Le mouvement de la Terre*, Éditions du Seuil, 1993. (Un excellent livre retraçant l'histoire des découvertes sur les mouvements de la Terre.)
Jean Lefort, *La saga des calendriers ou le frisson millénariste*, Éditions Belin, 1998.
Jean-Paul Parisot et Françoise Suagher, *Calendriers et chronologie*, Masson, 1996.
***, *Textes et documents pour la classe*, CNDP, n° 690 et 691(février et mars), 1995. (Sur le Soleil.)

Sur les éphémérides

***, *Annuaire du Bureau des Longitudes. Ephémérides astronomiques*, Masson. (Pour trouver les heures des levers et couchers du Soleil, sa déclinaison... : paraît chaque année avec les positions du Soleil, de la Lune, des planètes, etc. ainsi que les définitions générales sur les repères, calendriers...)
Guillaume Cannat, *Le Guide du ciel*, Nathan. (Paraît chaque année autour du mois d'avril et donne tous les renseignements sur la position du Soleil mais aussi sur les planètes, la Lune...)

Sur le climat

Gérard Beltrando et Laure Chémery, *Dictionnaire du climat*, Librairie Larousse, « Larousse références », 1995.
André Berger, *Le climat de la Terre : un passé pour quel avenir*, De Boeck Université, 1992.
Jean-Claude Duplessis et Pierre Morel, *Gros temps sur la planète*, Odile Jacob, 1990.
Jacques Labeyrie, *L'homme et le climat*, Denoël, 1985.
Elisabeth Nesme-Ribes et Gérard Thuillier, *Histoire solaire et climatique*, Éditions Belin, « Belin-Pour la Science », 2000.
Robert Sadourny, *Le climat de la Terre*, Flammarion, « Collection Dominos », 1994.
Bruno Voituriez, *Les climats de la Terre*, Explora Presse Pocket, 1992.

Ouvrages généraux

Agnès Acker, *Initiation à l'astronomie*, Masson, 1979.
Ludwik Marian Celnikier, *Histoire de l'astronomie*, Tec et doc, 1986.
Philippe de la Cotardière, *Dictionnaire de l'astronomie*, Librairie Larousse, « Larousse références », 1996.
Lucienne Gouguenheim, *Méthodes de l'astrophysique. Comment connaître et comprendre l'Univers*, Hachette-CNRS, 1981.
Marc Séguin et Benoît Villeneuve, *Astronomie et astrophysique*, Masson, 1995.
Gilbert Walusinski, *Ciel passé présent*, Études vivantes, 1981.
Frédéric Lequèvre, *Astrologie, science, art ou imposture*, Éditions L'horizon chimérique, 1991.
***, *Le grand atlas de l'astronomie*, Encyclopédia Universalis, 1986.

Pour les enfants (et les plus grands)

Mitsumasa Anno, *Comment la Terre est devenue ronde,* École des loisirs, 1982.
Mitsumasa Anno, *La Terre est un cadran solaire,* École des loisirs, 1987.
Hubert Reeves, *Soleil*, La Nacelle, 1990.
Jean-Pierre Verdet, *Le ciel, ordre et désordre*, Gallimard, « Découvertes Gallimard », 1987.
Jiri Serych, *Légendes du Soleil, de la Lune et des étoiles*, Gründ, 1977.

Pour les enseignants

Pierre Causeret, *Activités astronomiques au collège et au lycée*, CRDP de Dijon, 2002.
Mireille Hartmann, *L'astronomie est un jeu d'enfant*, Le Pommier, 1999.
Jean Ripert *et al.*, *Astrophysique. 18 fiches*, CLEA/Éditions Belin, 1994. (Avec la mesure de la constante solaire.)
Jean Michel Rolando, *L'astronomie, la Terre et les astres*, CDDP de Haute-Savoie (Écoles élémentaires cycle III), 1993.
Luc Valentin, *L'univers mécanique*, Hermann, 1983.
A. Chapel, M. Fieux, G. Jacques, J.-M. Jacques, K. Laval, M. Legrand, H. Le Treut, *Océans et atmosphère*, Hachette Éducation, « Synapses », 1996.
***, *La Terre et l'Univers. Sciences de l'Univers*, Hachette Éducation, 1993. (Sur l'astronomie dans les programmes de lycée en Physique et SVT, avec des passages sur les saisons et l'évolution des climats.)
***, *Cahiers Clairaut*, publication trimestrielle du Comité de Liaison Enseignants Astronomes (CLEA). (Voir annexe 12.)
***, *Questions d'astronomie. 1. Calendriers et éclipses*, Commission inter IREM, CRDP du Limousin, 1999.

Logiciels et sites Internet

http://www.bdl.fr : vous trouverez tous les renseignements sur le Soleil (heures du lever et du coucher, heure du passage au méridien donc du midi solaire) pour la plupart des villes de France. Par la même occasion, le BDL (Bureau des Longitudes) vous donnera votre latitude et votre longitude. Vous pouvez directement vous connecter à la page http://www.bdl.fr/cgi-bin/CGI_pm/levcou.cgi.

http://alize.ere.umontreal.ca/~cyrd/Calcul_soleil.html : ce site canadien permet aussi d'avoir les heures de lever et coucher du Soleil.

http://www.ign.fr/fr/PI/activites/geodesie/ : sur le site de l'Institut Géographique National, vous trouverez les longitudes et latitudes de toutes les villes et tous les villages de France.

On trouve sur Internet des logiciels gratuits qui fournissent quantité de renseignements, comme par exemple les heures de lever ou de coucher du Soleil pour n'importe quel lieu. On peut citer « NUIT », un logiciel de René Maeder de la Société Astronomique de Genève, qui donne en plus des éphémérides une carte du ciel. Il peut être téléchargé à l'adresse : http://astroclub.net/mercure/sag/logiciels/index.html.

On peut également utiliser un petit logiciel en basic créé par Yvon Masse donnant les heures de lever, de coucher du Soleil ainsi que du passage au méridien pour tout lieu. Le programme se trouve à l'adresse suivante : http://www.apro.fr/usr/ymasse/coulev.htm.

Les logiciels du commerce comme Redshift (Alsyd Multimédia), un des plus polyvalents, permettent ce genre de calcul.

À signaler enfin le serveur minitel : 3616 BDL (1,01 F/min) du Bureau des Longitudes. Il propose les éphémérides : positions du Soleil, de la Lune, des planètes, dates et heures des solstices et équinoxes, calendriers…

Glossaire

A

Aberration de la lumière : Déplacement de la position des étoiles sur la voûte céleste de période un an dû à la vitesse de la Terre sur son orbite et au fait que la vitesse de la lumière est finie.

Année anomalistique : Intervalle de temps séparant deux passages de la Terre au périhélie. Elle vaut 365,2596 jours.

Année sidérale : Période de révolution de la Terre autour du Soleil, repérée par rapport aux étoiles. Sa durée est de 365,2563 jours.

Année tropique : Année des saisons, d'un équinoxe de printemps au suivant par exemple. La durée moyenne de l'année tropique est de 365,2422 jours.

Aphélie : Point de l'orbite d'une planète le plus éloigné du Soleil.

Apside : Périhélie ou aphélie ; la ligne des apsides relie ces 2 points. C'est le grand axe de l'orbite.

Ascension droite : Coordonnée d'un astre correspondant à la longitude sur Terre. On la mesure de 0 à 24 h à partir du point vernal.

Automne : Saison comprise entre l'équinoxe d'automne et le solstice d'hiver.

Azimut : L'azimut d'un astre est l'angle formé par la direction sud avec la direction de sa projection sur le plan horizontal.

B

Bissextile : Se dit d'une année comptant 366 jours. La succession des années bissextiles de 366 j et des années communes de 365 j est calculée pour que la durée moyenne soit proche de l'année des saisons de 365,2422 j.

C

Cercle polaire : Ensemble des lieux d'où l'on voit le Soleil à l'horizon à midi le jour d'un solstice (le 21 décembre pour le cercle polaire arctique et le 21 juin pour le cercle polaire antarctique). Le Soleil passera aussi à l'horizon à minuit le jour de l'autre solstice. On a donc une nuit de plus de 24 h et une journée de plus de 24 h dans l'année. La latitude des cercles polaires est égale au complémentaire de l'obliquité de l'écliptique soit 66°34′ actuellement.

Circumpolaire : Se dit d'une étoile ou d'une constellation que l'on voit tourner autour d'un pôle céleste sans jamais disparaître derrière l'horizon. En France métropolitaine, la Grande Ourse est circumpolaire, mais elle ne l'est plus en Afrique du Nord.

Constante solaire : Puissance reçue du Soleil au niveau de la Terre mais hors atmosphère par une surface de 1 m^2 perpendiculaire au rayonnement. Elle vaut 1 370 W/m^2.

Constellation : Groupe d'étoiles arbitrairement reliées entre elles pour former des figures. La plus célèbre est la Grande Ourse. Les étoiles d'une même constellation n'ont pas en général de lien physique entre elles et peuvent être situées à des distances très différentes.

Coucher du Soleil : Instant où le centre du Soleil est à l'horizon avant de disparaître.

D

Déclinaison : Coordonnée d'un astre correspondant à la latitude sur Terre. On la compte de -90° à +90° à partir de l'équateur céleste.

Diamètre apparent : Angle sous lequel un observateur voit le diamètre réel d'un astre. Le diamètre apparent du Soleil varie de 0,542° au périhélie en janvier à 0,524° à l'aphélie en juillet.

E

Écliptique : Plan de l'orbite de la Terre ou, sur une carte du ciel, trace de ce plan sur la « sphère céleste ». Le mot écliptique vient de « éclipse » : à la nouvelle lune, il n'y a pas obligatoirement une éclipse de Soleil car, vue depuis la Terre, la Lune passe généralement « au-dessous » ou « au-dessus » du Soleil. Pour qu'il y ait éclipse, il faut que les trois astres soient pratiquement alignés et donc que la Lune passe dans le plan de l'écliptique au moment de la nouvelle lune. Le principe est le même pour les éclipses de Lune mais à la pleine lune

Équateur : Sur la Terre, grand cercle constitué des points équidistants des pôles. Le plan de l'équateur passe par le centre de la Terre et est perpendiculaire à son axe. Sur une carte du ciel, trace du plan de l'équateur sur la « sphère céleste ».

Équation du temps : Différence entre l'heure solaire moyenne (réglée sur un jour d'une durée constante de 24 h) et l'heure solaire vraie (réglée sur le passage du Soleil au méridien).

Équinoxe : Instant où le Soleil est dans le plan de l'équateur. L'équinoxe de printemps a lieu en général le 20 mars et l'équinoxe d'automne le 23 septembre.

Est : Direction du lever de Soleil aux équinoxes. La ligne est-ouest est perpendiculaire au plan du méridien.

Été : Saison comprise entre le solstice d'été et l'équinoxe d'automne.

Étoile Polaire : Étoile alpha de la Petite Ourse située presque dans le prolongement de l'axe de la Terre. De ce fait, elle paraît fixe dans le ciel alors que la rotation de la Terre sur elle-même nous fait voir les autres étoiles lui tourner autour.

Excentricité : Paramètre d'une ellipse indiquant son aplatissement. Elle vaut 0 pour un cercle et 1 pour une ellipse totalement aplatie. L'excentricité de l'orbite terrestre est 0,0167.

G

Géocentrique : Qui place la Terre au centre du système solaire.

Gnomon : Bâton vertical dont l'ombre se projette sur une surface plane. C'est l'ancêtre du cadran solaire. Il permet de relever le mouvement apparent du Soleil.

H

Hauteur d'un astre : Angle que fait le plan horizontal avec la droite joignant l'observateur à l'astre.

Héliocentrique : Qui place le Soleil au centre du système solaire.

Hiver : Saison comprise entre le solstice d'hiver et l'équinoxe de printemps

Horizon : Intersection du plan horizontal de l'observateur avec la « sphère céleste ».

I

Inclinaison de l'axe de la Terre : voir Obliquité.

J

Jour sidéral : Période de rotation de la Terre sur elle-même mesurée par rapport aux étoiles. Un jour sidéral vaut 23 h 56 min 4 s.

Jour solaire vrai : Intervalle de temps entre deux midis solaires vrais. Sa durée varie de 23 h 59 min 40 s à 24 h 0 min 30 s.

Jour solaire moyen : Durée de 24 heures.

Journée : Intervalle de temps compris entre le lever du Soleil et son coucher. On préférera le mot journée au mot jour qui a de multiples sens.

L

Latitude d'un lieu : Angle que forme la droite joignant le centre de la Terre au lieu avec le plan de l'équateur, compté de 0 à 90° vers le nord ou vers le sud.

Lever de Soleil : Instant où le centre du Soleil est à l'horizon, après la nuit.

Longitude : Angle que forme le plan du méridien du lieu avec le plan du méridien de Greenwich. On la compte négativement vers l'est (de 0° à – 180°) et positivement vers l'ouest (de 0° à 180°).

M

Méridien : Grand cercle ou demi grand cercle contenant les pôles.

Midi solaire vrai : Milieu de la journée, entre le lever et le coucher du Soleil. À midi, le Soleil est dans le plan du méridien (plein sud à nos latitudes).

Minuit : Milieu de la nuit, entre le coucher et le lever du Soleil. À minuit, le Soleil est dans le plan du méridien (au nord et sous l'horizon à nos latitudes).

N

Nord : Direction du pôle Nord.

Nuit : Intervalle de temps compris entre le coucher du Soleil et son lever.

Nycthémère : Durée de 24 heures, comprenant une journée et une nuit.

O

Obliquité de l'écliptique : Angle que fait le plan de l'équateur avec le plan de l'écliptique (voir Écliptique). C'est aussi l'angle que fait l'axe de la Terre avec la perpendiculaire au plan de l'écliptique.

Ouest : Direction du coucher du Soleil aux équinoxes. La ligne est-ouest est perpendiculaire au plan du méridien.

P

Parallaxe : Décalage observé de la direction d'un astre lorsque l'observateur se déplace. C'est aussi l'angle sous lequel on voit depuis un astre donné une longueur fixée (qui correspond ici au déplacement de l'observateur). Si cette longueur est un rayon terrestre, on parle de parallaxe diurne. Si c'est le rayon de l'orbite de la terre, il s'agit de la parallaxe annuelle.

Parallèle : Cercle tracé à la surface de la Terre parallèlement à l'équateur.

Périhélie : Point de l'orbite d'une planète le plus proche du Soleil.

Plan de l'écliptique : voir Écliptique.

Plan du méridien : Plan vertical nord-sud. Il contient l'observateur et l'axe de la Terre.

Point vernal : Position du Soleil sur la sphère céleste à l'équinoxe de printemps. Le point vernal est sur l'écliptique et sur l'équateur. On l'utilise habituellement comme origine dans les systèmes de coordonnées.

Polaire : voir Cercle, Étoile.

Pôle Nord, pôle Sud (géographiques) : Intersection de l'axe d'une planète avec sa surface. On voit la planète tourner dans le sens direct (sens inverse des aiguilles d'une montre) depuis le pôle Nord et dans le sens indirect depuis le pôle Sud.

Précession des équinoxes : Mouvement de l'axe de la Terre qui décrit un cône avec une période de 26 000 ans. À cause de ce mouvement, le point où se trouve la Terre à un équinoxe avance chaque année de 0,014°.

Printemps : Saison comprise entre l'équinoxe de printemps et le solstice d'été.

R

Réfraction atmosphérique : Déviation des rayons lumineux à leur entrée dans l'atmosphère. La réfraction atmosphérique permet de voir le Soleil alors qu'il est sous l'horizon géométrique, juste avant le lever du Soleil ou juste après son coucher.

Rotation apparente du ciel : Mouvement observé des astres autour de l'étoile Polaire qu'on explique depuis Copernic par la rotation de la Terre sur elle-même.

S

Solstice : Instant où le Soleil est le plus éloigné du plan de l'équateur. Le solstice d'été a lieu en général le 21 juin et le solstice d'hiver le 21 décembre.

Sphère céleste : Sphère centrée sur l'observateur sur laquelle on imagine les étoiles, sans tenir compte de leur distance. Elle sert à définir les directions des astres.

Sud : Direction du Pôle Sud.

T

Tropique : Ensemble des lieux d'où l'on voit le Soleil au zénith à midi le jour d'un solstice (le 21 juin pour le tropique du Cancer et le 21 décembre pour le tropique du Capricorne). La latitude des tropiques est égale à l'obliquité de l'écliptique, soit 23° 26′ actuellement.

V

Verticale : Direction du fil à plomb ou direction du centre de la Terre. Ces deux définitions ne sont pas rigoureusement équivalentes car l'accélération centrifuge due à la rotation de la Terre dévie le fil à plomb de près de 6 minutes d'angle à nos latitudes.

Z

Zénith : Point de la sphère céleste située à la verticale, au-dessus de l'observateur.

Zodiaque : Les constellations du zodiaque sont celles qui entourent l'écliptique. Elles sont au nombre de 13. Vu depuis la Terre, le Soleil est toujours dans une de ces constellations.

Index

Crédits photographiques
Couverture : G. Rowell /P. Arno Bios (b), Goodshoot (h) • p. 1 : Goodshoot • p. 4 : PhotoDisk • p. 5 : DigitalVision • p. 6-7 : PhotoDisk • p. 8 : PhotoDisk (h), Y. Arthus-Bertrand/Altitude (b) • p. 17 : PhotoDisk • p. 18 : Archives J.-L Charmet • p. 19 : A. Jaquot • p. 22 : PhotoDisk • p. 46 : PhotoDisk • p. 66-67 : Stock Image • p. 68 : DigitalVision • p. 75 : DigitalVision • p. 86 : DigitalVision • p. 92 : CLEA • p. 93 : DigitalVision.
Autres photographies : Pierre Causeret.

Schémas : Laurent Blondel (Coredoc)

Imprimé en France par I.ME. - 25110 Baume-les-Dames
N° d'imprimeur : 15695 - N° d'édition : 002705-02
Dépôt légal : Avril 2002